Metodologias ativas no ensino de Química

Carla Krupczak
Flavia Sucheck Mateus da Rocha

Rua Clara Vendramin, 58 | Mossunguê
CEP 81200-170 | Curitiba-PR | Brasil
Fone: (41) 2106-4170
www.intersaberes.com
editora@intersaberes.com

Conselho editorial
- Dr. Alexandre Coutinho Pagliarini
- Drª. Elena Godoy
- Dr. Neri dos Santos
- Mª. Maria Lúcia Prado Sabatella

Editora-chefe
- Lindsay Azambuja

Gerente editorial
- Ariadne Nunes Wenger

Assistente editorial
- Daniela Viroli Pereira Pinto

Preparação de originais
- Palavra Arteira Edição e Revisão de Textos

Edição de texto
- Monique Francis Fagundes Gonçalves
- Palavra do Editor

Capa e projeto gráfico
- Luana Machado Amaro (*design*)
- Lysenko Andrii/Shutterstock (imagem da capa)

Diagramação
- Kelly Adriane Hübbe

***Designer* responsável**
- Sílvio Gabriel Spannenberg

Iconografia
- Regina Claudia Cruz Prestes

Dados Internacionais de Catalogação na Publicação (CIP)
(Câmara Brasileira do Livro, SP, Brasil)

Krupczak, Carla
 Metodologias ativas no ensino de química / Carla Krupczak, Flavia Sucheck Mateus da Rocha. -- Curitiba, PR : InterSaberes, 2025. -- (Série aspectos educacionais de química)

 Bibliografia.
 ISBN 978-85-227-1448-3

 1. Aprendizagem ativa 2. Ensino – Metodologia 3. Prática de ensino 4. Química – Estudo e ensino 5. Tecnologia digital 6. Tecnologia educacional I. Rocha, Flavia Sucheck Mateus da. II. Título. III. Série.

24-215016   CDD-540.7

Índices para catálogo sistemático:

1. Metodologias ativas : Química : Ensino   540.7

Cibele Maria Dias – Bibliotecária – CRB-8/9427

1ª edição, 2025.

Foi feito o depósito legal.

Informamos que é de inteira responsabilidade das autoras a emissão de conceitos.

Nenhuma parte desta publicação poderá ser reproduzida por qualquer meio ou forma sem a prévia autorização da Editora InterSaberes.

A violação dos direitos autorais é crime estabelecido na Lei n. 9.610/1998 e punido pelo art. 184 do Código Penal.

Sumário

Apresentação □ 5
Como aproveitar ao máximo este livro □ 8

Capítulo 1
Metodologias ativas e inovação □ 13
1.1 Conceito de metodologia ativa □ 15
1.2 Protagonismo estudantil □ 21
1.3 Papel do professor □ 23
1.4 Interdisciplinaridade □ 29
1.5 Exemplos de metodologias ativas □ 32

Capítulo 2
Sala de aula invertida e modelos híbridos □ 45
2.1 Ensino híbrido □ 47
2.2 Sala de aula invertida □ 52
2.3 Exemplos de sala de aula invertida □ 55
2.4 *Blended learning* □ 62
2.5 *E-learning* □ 66

Capítulo 3
Jogos e gamificação no ensino de Química □ 76
3.1 Gamificação □ 79
3.2 Construção de ambientes gamificados □ 81
3.3 Utilização de tecnologias digitais na criação de ambientes gamificados □ 84
3.4 Jogos digitais no ensino de Química □ 87
3.5 *Games* e jogos manipuláveis □ 92

Capítulo 4
Tecnologias digitais, realidade virtual
e realidade aumentada ◻ 103

4.1 *Softwares* ◻ 105
4.2 Simuladores ◻ 111
4.3 Objetos de aprendizagem ◻ 116
4.4 Aplicativos ◻ 119
4.5 Realidade virtual e realidade aumentada ◻ 125

Capítulo 5
Aprendizagem baseada em projetos,
em problemas e em investigação ◻ 136

5.1 Problematização ◻ 138
5.2 Ensino por investigação ◻ 141
5.3 Aprendizagem baseada em problemas ◻ 146
5.4 Aprendizagem baseada em projetos ◻ 150
5.5 Estudante pesquisador ◻ 154

Capítulo 6
Design thinking e aprendizagem colaborativa ◻ 161

6.1 Conceitos de colaboração e cooperação ◻ 163
6.2 Conceito de *design thinking* ◻ 167
6.3 Técnicas colaborativas ◻ 171
6.4 Rotação por estações ◻ 175
6.5 Painéis virtuais ◻ 177

Considerações finais ◻ 185
Referências ◻ 187
Bibliografia comentada ◻ 202
Respostas ◻ 204
Sobre as autoras ◻ 206

Apresentação

Ensinar Química em uma perspectiva contemporânea vai além de transmitir conhecimentos teóricos aos estudantes. É preciso criar um ambiente de aprendizagem que estimule a participação ativa dos alunos, desenvolvendo suas habilidades cognitivas, sociais e emocionais. Nesse contexto, as metodologias ativas têm se destacado como uma abordagem pedagógica eficaz.

Este livro tem como objetivo explorar as metodologias ativas no ensino de Química, descrevendo diferentes estratégias e práticas que podem ser aplicadas em sala de aula. Serão examinados conceitos fundamentais, como aprendizagem colaborativa, resolução de problemas, projetos de investigação, gamificação e sala de aula invertida, entre outros.

Ao longo do livro, serão apresentados exemplos concretos de como as metodologias ativas podem ser renovadas no contexto específico da disciplina de Química, considerando-se os conteúdos programáticos e os objetivos educacionais. Serão exploradas atividades práticas, debates, experimentos, simulações e o uso de tecnologias digitais, tendo em vista promover o engajamento dos estudantes e a construção ativa do conhecimento.

Além disso, serão abordadas questões relativas à avaliação formativa e ao papel do professor como mediador do processo de ensino e aprendizagem.

Este livro é destinado a professores de Química que desejam inovar em suas práticas pedagógicas, tornando o ensino mais dinâmico, significativo e prazeroso para os estudantes. Também pode ser útil para estudantes de licenciatura em Química e pesquisadores interessados em investigar e aprofundar seus conhecimentos sobre as metodologias ativas no ensino de Química.

Com uma abordagem teórico-prática, este livro oferece subsídios para que o professor possa aprimorar sua prática docente e explorar novas possibilidades de ensino, buscando formar estudantes críticos, participativos e preparados para os desafios do mundo atual. Durante a leitura, você será convidado a:

- discutir o conceito de aprendizagem ativa e as principais abordagens contemporâneas educacionais;
- compreender as possibilidades de inverter a sala de aula e proporcionar momentos de educação híbrida;
- identificar as possibilidades de uso de jogos, *games* e gamificação em sala de aula;
- reconhecer as possíveis potencialidades do uso de diferentes tecnologias digitais nos processos de ensino e aprendizagem;
- compreender o conceito de projetos educacionais;
- analisar abordagens inovadoras de aprendizagem colaborativa, tais como o *design thinking*.

No primeiro capítulo, você conhecerá o conceito de metodologias ativas a partir da compreensão da importância do protagonismo estudantil na aprendizagem de Química. Você também compreenderá a importância da interdisciplinaridade e do papel do professor de Química, além de verificar exemplos de metodologias ativas no ensino dessa disciplina.

O segundo capítulo apresentará a sala de aula invertida e os modelos híbridos de ensino. Você conhecerá diferentes termos utilizados no Brasil e no mundo para tratar de abordagens que envolvem práticas *on-line*, remotas e presenciais.

Você saberá mais sobre a importância do uso de jogos e da gamificação no terceiro capítulo da obra. Serão descritas estratégias que podem contribuir com o professor que deseja favorecer o protagonismo estudantil, a interdisciplinaridade e a contextualização.

No quarto capítulo, serão apresentadas estratégias a partir do uso de tecnologias digitais. Você verá conceitos e exemplos sobre objetos de aprendizagem, simuladores, realidade virtual e realidade aumentada, *softwares* e aplicativos.

A aprendizagem baseada em projetos e em problemas e o ensino por investigação serão abordados no quinto capítulo. Você verificará que essas abordagens colocam o estudante como centro do processo de ensino e aprendizagem e buscam soluções ou respostas para problemas reais. Além disso, o ensino por investigação pode ser uma abordagem interessante para incluir discussões sobre a natureza da ciência, fundamentais para a formação de cidadãos críticos e conscientes.

O sexto e último capítulo tratará do *design thinking*, da aprendizagem colaborativa e da aprendizagem cooperativa. Também será discutido o uso da rotação por estações e de painéis virtuais nas aulas de Química como forma de aperfeiçoar o processo de ensino e aprendizagem.

Esperamos que esta obra possa trazer contribuições sobre as metodologias ativas na perspectiva do ensino e da aprendizagem de Química para todos os leitores. Desejamos, ainda, que possa inspirar professores a sempre buscar novas estratégias de ensino, com o objetivo de formar cidadãos conscientes de seu papel na sociedade.

Como aproveitar ao máximo este livro

Empregamos nesta obra recursos que visam enriquecer seu aprendizado, facilitar a compreensão dos conteúdos e tornar a leitura mais dinâmica. Conheça a seguir cada uma dessas ferramentas e saiba como estão distribuídas no decorrer deste livro para bem aproveitá-las.

Introdução do capítulo
Logo na abertura do capítulo, informamos os temas de estudo e os objetivos de aprendizagem que serão nele abrangidos, fazendo considerações preliminares sobre as temáticas em foco.

Atividades de autoavaliação

Apresentamos estas questões objetivas para que você verifique o grau de assimilação dos conceitos examinados, motivando-se a progredir em seus estudos.

Atividades de aprendizagem

Aqui apresentamos questões que aproximam conhecimentos teóricos e práticos a fim de que você analise criticamente determinado assunto.

Exemplo prático

Nesta seção, articulamos os tópicos em pauta a acontecimentos históricos, casos reais e situações do cotidiano a fim de que você perceba como os conhecimentos adquiridos são aplicados na prática e como podem auxiliar na compreensão da realidade.

Indicações culturais

Para ampliar seu repertório, indicamos conteúdos de diferentes naturezas que ensejam a reflexão sobre os assuntos estudados e contribuem para seu processo de aprendizagem.

Síntese

Ao final de cada capítulo, relacionamos as principais informações nele abordadas a fim de que você avalie as conclusões a que chegou, confirmando-as ou redefinindo-as.

Bibliografia comentada

Nesta seção, comentamos algumas obras de referência para o estudo dos temas examinados ao longo do livro.

Capítulo 1

Metodologias ativas e inovação

Carla Krupczak

Neste primeiro capítulo, discutiremos o conceito de metodologia ativa, sua origem e sua relação com a interdisciplinaridade. Também abordaremos o papel do professor e do estudante nessa forma de ensinar e aprender.

Metodologias ativas de ensino são abordagens pedagógicas que colocam o aluno no centro do processo de aprendizagem, promovendo sua participação ativa, sua autonomia e seu engajamento. Ao contrário do que ocorre no ensino tradicional, em que o professor é o detentor do conhecimento e transmite informações de forma passiva aos alunos, as metodologias ativas envolvem os alunos em atividades práticas, colaborativas e reflexivas, estimulando o pensamento crítico, a resolução de problemas e a aplicação prática do conhecimento. Apesar de parecer algo recente, veremos que indícios dessas metodologias existem na área educacional há muito tempo.

A seguir, apresentamos alguns exemplos comuns de metodologias ativas de ensino:

- **Aprendizagem baseada em problemas** – Os alunos são apresentados a problemas ou desafios complexos que precisam ser resolvidos, levando-os a buscar informações, analisar, discutir e aplicar conceitos e habilidades específicas para encontrar soluções.
- **Aprendizagem baseada em projetos** – Os alunos desenvolvem projetos práticos e concretos, nos quais precisam aplicar conhecimentos e habilidades adquiridos para a resolução de um problema ou a criação de algo tangível.
- **Aprendizagem colaborativa** – Os alunos são incentivados a trabalhar em equipes, discutindo, trocando ideias,

compartilhando conhecimentos e experiências e construindo conjuntamente o aprendizado.
- **Aprendizagem por investigação** – Os alunos são incentivados a explorar, questionar e investigar fenômenos e problemas, conduzindo experimentos, coletando dados e tirando conclusões.
- **Uso de tecnologia e recursos digitais** – As metodologias ativas podem fazer uso de recursos tecnológicos, como dispositivos móveis, *softwares* educacionais, plataformas *on-line*, jogos e simulações, para promover a interação e o engajamento dos alunos.

As metodologias ativas de ensino têm como objetivo principal estimular a participação ativa dos alunos, desenvolver habilidades cognitivas, socioemocionais e de trabalho em equipe, além de promover uma aprendizagem significativa e duradoura. Elas buscam conectar o conteúdo teórico com situações reais, incentivando os alunos a aplicar o conhecimento adquirido em contextos práticos e significativos.

1.1 Conceito de metodologia ativa

Nas últimas décadas, muitas transformações ocorreram nos campos econômico, político, cultural e tecnológico. Esse cenário foi explicado por Bauman (2009), o qual chama a sociedade atual de *líquida*, em razão de suas incertezas e mudanças rápidas.

Essas alterações impactaram o mundo do trabalho, as relações sociais e, também, a educação.

O ensino tradicional, baseado na transmissão de informações, foi pensado em um momento histórico em que o acesso às informações era difícil e a construção do conhecimento, um privilégio de poucos. No entanto, na atualidade, com a popularização da internet e das inteligências artificiais, as informações estão abertas para todos. Essas mudanças são assustadoras para a área educacional, mas

> O que a tecnologia traz hoje é integração de todos os espaços e tempos. O ensinar e aprender acontece numa interligação simbiótica, profunda, constante entre o que chamamos mundo físico e mundo digital. Não são dois mundos ou espaços, mas um espaço estendido, uma sala de aula ampliada, que se mescla, hibridiza constantemente. Por isso a educação formal é cada vez mais *blended*, misturada, híbrida, porque não acontece só no espaço físico da sala de aula, mas nos múltiplos espaços do cotidiano, que incluem os digitais. O professor precisa seguir comunicando-se face a face com os alunos, mas também digitalmente, com as tecnologias móveis, equilibrando a interação com todos e com cada um. (Morán, 2015, p. 16)

Muitos pesquisadores da educação, como Freire (2000, 2015), Novack e Gowin (1999), Ausubel (2003) e Dewey (1978), vêm afirmando a necessidade de superação do ensino bancário e a busca por uma educação dialógica e problematizadora. Assim, "essas exigências implicam em novas aprendizagens, no desenvolvimento de novas competências, em alteração de concepções, ou seja, na construção de um novo sentido ao fazer docente, imbuído das dimensões ética e política" (Diesel; Baldez; Martins, 2017, p. 269).

Tendo em vista superar o ensino tradicional, surgiram as metodologias ativas. É comum ouvir que essas estratégias surgiram em universidades canadenses, em cursos da área da saúde, no final do século XX. De fato, elas se destacam nessa situação. Entretanto, indícios dessas metodologias são encontrados já na obra *Emílio*, de Rousseau, publicada em 1762 e considerada um dos primeiros livros sobre educação e filosofia, em que o autor indica a importância da experiência para o aprendizado (Diesel; Baldez; Martins, 2017).

Algumas teorias da aprendizagem também se aproximam das metodologias ativas, como a teoria sociointeracionista de Vygotsky. Nessa perspectiva, o estudante aprende pela interação social, isto é, a aprendizagem ocorre pela resolução de problemas com a cooperação de outros alunos e a orientação de um docente (Diesel; Baldez; Martins, 2017).

A proposta metodológica conhecida como *Escola Nova* também coloca o estudante no centro do processo de aprendizagem e considera seu interesse como ponto de partida. Entende-se que a escola deve proporcionar ao aluno situações próximas das que ele vivencia em sua vida cotidiana para que tenham sentido (Dewey, 1978).

A Figura 1.1 apresenta os princípios gerais das metodologias ativas.

Figura 1.1 – Princípios das metodologias ativas

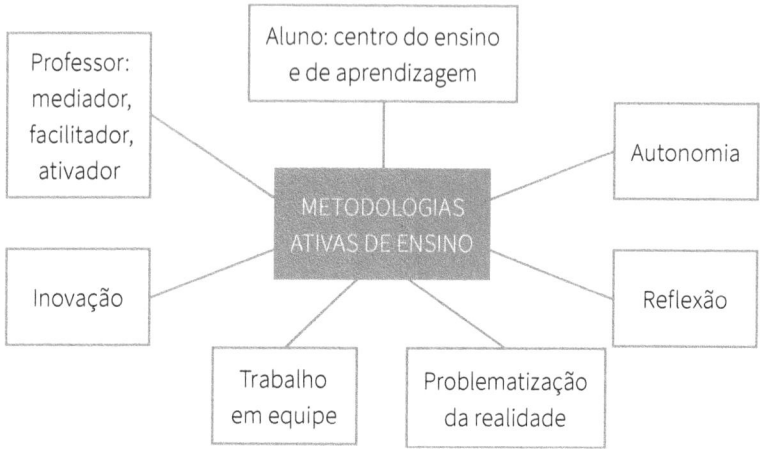

Fonte: Diesel; Baldez; Martins, 2017, p. 273.

O uso de metodologias ativas pode ocorrer por meio de modelos de ensino disciplinares ou inovadores. Nos **modelos inovadores**, as disciplinas deixam de existir como unidades separadas e passam a integrar o todo. São utilizados problemas em vez de conteúdos, sendo necessária, portanto, uma mudança em currículos, tempos e espaços.

Um exemplo desse modelo disruptivo é o das escolas Summit, nos Estados Unidos. Nelas, os estudantes desenvolvem projetos individualmente e coletivamente, sob a supervisão de dois professores de áreas distintas (exatas e humanas, por exemplo). O espaço físico da escola é aberto, com acesso à rede sem fio e salas multifuncionais. Os docentes acompanham o progresso dos grupos e de cada aluno individualmente, com reuniões periódicas. Os estudantes escolhem o momento de serem avaliados (Morán, 2015).

No Brasil, temos os exemplos do Colégio Estadual José Leite Lopes, no Rio de Janeiro, e da Escola Técnica Estadual Cícero Dias, em Recife. As duas instituições participam do Núcleo Avançado em Educação (Nave) e usam as tecnologias para estimular os estudantes a pesquisar e desenvolver conhecimentos no campo digital. A eficiência desse modelo de ensino é identificada nas provas externas, e ambas as instituições obtêm excelentes resultados no Exame Nacional do Ensino Médio (Enem) (Morán, 2015).

Já os **modelos disciplinares** usam as metodologias ativas dentro da estrutura curricular padrão. No entanto, vale frisar que "os ajustes necessários – mesmo progressivos – são profundos, porque são do foco: aluno ativo e não passivo, envolvimento profundo e não burocrático, professor orientador e não transmissor" (Morán, 2015, p. 22).

Nesse modelo de ensino ativo disciplinar, o professor deve disponibilizar os materiais básicos nos ambientes virtuais de aprendizagem e fazer uso do tempo em sala para aprofundamentos e com o propósito de os estudantes desenvolverem os conhecimentos que ainda faltam.

Morán (2015) orienta que os professores construam projetos com os alunos projetos que integrem boa parte dos conceitos fundamentais da disciplina e que tenham alguma relação com o cotidiano do estudante. Os projetos precisam contar com atividades de pesquisa, jogos, entrevistas, discussões, entre outros. Ao final, é importante que os resultados sejam publicados e disponibilizados para outras pessoas além da classe.

Em escolas que apresentam menos infraestrutura, o professor pode utilizar projetos mais voltados para a comunidade e buscar o apoio de lugares da cidade que sejam mais conectados, para acessar a *web* (rede mundial de computadores), por exemplo.

Tanto nas estratégias mais disruptivas quanto nas mais conservadoras, segundo Morán (2015, p. 18), "as metodologias ativas são pontos de partida para avançar para processos mais avançados de reflexão, de integração cognitiva, de generalização, de reelaboração de novas práticas". As tecnologias são um ponto central, pois permitem registrar e acompanhar o processo de aprendizagem. Podem ser usadas plataformas adaptativas, que se adéquem às dificuldades individuais dos vários tipos de estudantes.

Para a adoção de metodologias ativas, as escolas precisam de um planejamento. Podem iniciar de forma gradual, com a formação de docentes, alunos e pais, tentando integrar o virtual com o presencial. Na sequência, os currículos podem se tornar mais flexíveis e as atividades podem ser invertidas (primeiro o *on-line* e depois o presencial), até chegar a modelos mais disruptivos (Morán, 2015).

1.2 Protagonismo estudantil

Em razão de todas as mudanças sociais que ocorreram, os estudantes também não são mais os mesmos. As metodologias ativas propõem essa mudança de concepção, deixando de lado o ideário do aluno como mero receptor do conhecimento para entendê-lo como um sujeito ativo, que é responsável pelo seu aprendizado e construtor de saberes.

No método tradicional, a teoria é apresentada primeiro, e o estudante parte dela para a realidade. Nas metodologias ativas, a realidade se apresenta primeiro, com problemas e situações que geram curiosidade e, a partir disso, o estudante busca a teoria necessária. Portanto, o foco não fica no ensinar, mas no aprender (Diesel; Baldez; Martins, 2017).

Assim, o estudante precisa desenvolver habilidades e competências específicas para a resolução de problemas. Sua participação efetiva nas aulas vai exigir que realize leituras, observações, pesquisas, comparações, elaboração de hipóteses, testes de hipóteses, experimentos, obtenção e organização de dados, interpretação, exercícios de imaginação, sintetização, aplicação de princípios e conceitos em novas situações, análise, planejamento, tomada de decisões, entre outras ações.

Nas metodologias ativas, os estudantes devem trabalhar em grupos em diversos momentos, de modo que realizem discussões e trocas. Aprender a cooperar é uma prática social essencial e que precisa ser estimulada.

Conforme frisa Morán (2015, p. 17),

> As metodologias precisam acompanhar os objetivos pretendidos. Se queremos que os alunos sejam proativos, precisamos adotar metodologias em que os alunos se envolvam em atividades cada vez mais complexas, em que tenham que tomar decisões e avaliar os resultados, com apoio de materiais relevantes. Se queremos que sejam criativos, eles precisam experimentar inúmeras novas possibilidades de mostrar sua iniciativa.

Dessa forma, as metodologias ativas permitem o desenvolvimento da autonomia dos estudantes, o que ocorre como uma das consequências de eles se sentirem parte real do processo de aprendizagem, uma vez que a teorização não é mais o ponto de partida que depende do professor, mas o ponto de chegada que depende do próprio aluno.

Esses aspectos das metodologias ativas vêm ao encontro da **pedagogia da libertação**, preconizada por Paulo Freire (2015). As duas compartilham algumas semelhanças e princípios em sua abordagem educacional, especialmente no que diz respeito à participação ativa dos alunos e à busca por uma educação mais democrática e libertadora. Embora sejam conceitos distintos, há pontos de convergência entre eles.

A pedagogia freireana, desenvolvida pelo educador brasileiro Paulo Freire, destaca a importância da conscientização e da transformação social por meio da educação. Ela enfatiza a necessidade de envolver os alunos como sujeitos ativos em seu próprio processo de aprendizagem, possibilitando que eles desenvolvam habilidades críticas, reflexivas e participativas. Paulo Freire defende a superação da relação hierárquica entre professor e aluno, considerando a horizontalidade e o diálogo como fundamentais para a construção do conhecimento.

Por sua vez, as metodologias ativas têm como objetivo central envolver os alunos como protagonistas da própria aprendizagem, promovendo a participação ativa e estimulando o pensamento crítico, a colaboração e a autonomia. Ao adotarem metodologias ativas, os professores buscam criar ambientes de aprendizagem que vão além da simples transmissão de conteúdos, incentivando os alunos a resolver problemas, desenvolver projetos e aplicar o conhecimento em situações reais.

As metodologias ativas podem ser vistas como uma aplicação prática dos princípios freireanos, ao concretizarem a ideia de que a educação deve ser uma prática libertadora, baseada na interação entre educadores e educandos, na reflexão crítica e na transformação da realidade. Ambas as abordagens enfatizam a importância da participação ativa dos alunos, do diálogo, da construção coletiva do conhecimento e da valorização das experiências prévias dos alunos como ponto de partida para o processo educacional.

1.3 Papel do professor

Nas metodologias ativas, o professor atua como curador e orientador. Curador porque ele faz a curadoria dos materiais disponíveis, ajudando os estudantes a selecionar o que é relevante e importante; orientador porque cuida de cada um, estimulando, orientando e valorizando. Assim, o docente precisa ser um bom gestor e ter competência intelectual e afetiva para apoiar cada aluno. Logo, o professor deve ser bem formado, remunerado e valorizado (Morán, 2015). Dessa maneira,

> Desafios e atividades podem ser dosados, planejados e acompanhados e avaliados com apoio de tecnologias.
> Os desafios bem planejados contribuem para mobilizar as competências desejadas, intelectuais, emocionais, pessoais e comunicacionais. Exigem pesquisar, avaliar situações, pontos de vista diferentes, fazer escolhas, assumir alguns riscos, aprender pela descoberta, caminhar do simples para o complexo. Nas etapas de formação, os alunos precisam de acompanhamento de profissionais mais experientes para ajudá-los a tornar conscientes alguns processos, a estabelecer conexões não percebidas, a superar etapas mais rapidamente, a confrontá-los com novas possibilidades. (Morán, 2015, p. 18)

Portanto, usando as tecnologias, o docente pode aproximar não apenas a realidade local do estudante, mas a realidade mundial. As tecnologias permitem acessar pessoas, ideias e acontecimentos do mundo inteiro em tempo real. Aumentam as oportunidades de pesquisa, de troca e de divulgação dos projetos.

O docente é responsável por selecionar projetos interessantes para os estudantes realizarem:

> É importante que os projetos estejam ligados à vida dos alunos, às suas motivações profundas, que o professor saiba gerenciar essas atividades, envolvendo-os, negociando com eles as melhores formas de realizar o projeto, valorizando cada etapa e principalmente a apresentação e a publicação em um lugar virtual visível do ambiente virtual para além do grupo e da classe. (Morán, 2015, p. 22)

As atividades precisam mesclar momentos de aprendizagem individual e colaborativa, presencial e virtual. Todos esses tipos são importantes para a formação dos estudantes, principalmente porque nossa sociedade é bastante dinâmica e incerta. Nesse sentido, o equilíbrio é fundamental, e "o articulador das etapas individuais e grupais é a equipe docente (professor/tutor) com sua capacidade de acompanhar, mediar, de analisar os processos, resultados, lacunas e necessidades, a partir dos percursos realizados pelos alunos individual e grupalmente" (Morán, 2015, p. 18-19).

Desse modo, o professor atua como um *designer* (criador) de caminhos e de atividades, orientando a construção do conhecimento de forma dialógica, criativa e aberta. Cabe notar que alguns modelos já estão claramente organizados: modelo *blended*, que utiliza a estratégia do semipresencial; modelo *on-line*, em que os alunos têm percursos personalizados, dispõem de momentos de interação em grupo e são atendidos por tutores e professores especialistas; e as metodologias ativas, em que as atividades são projetadas para o protagonismo do aluno (Morán, 2015).

Para criarem um ambiente favorável à construção do conhecimento ativamente, os docentes devem desenvolver a escuta nos estudantes, a empatia e a valorização de suas opiniões. O professor precisa ver os alunos como sujeitos históricos e incentivar sua autoaprendizagem e curiosidade.

No planejamento de suas aulas, o docente deve considerar que

> a prática pedagógica norteada pela reflexão-na-ação do professor que dá razão ao aluno é dividida em momentos: inicialmente, esse professor permite surpreender-se pelo aluno; na sequência, reflete sobre esse fato e procura compreender as implicações que envolvem o aspecto levantado pelo aluno; a partir daí, terá condições de reformular o problema; e, por fim, coloca em prática uma nova proposta. (Diesel; Baldez; Martins, 2017, p. 279)

Segundo Diesel, Baldez e Martins (2017), o professor tem a tarefa de despertar e provocar a criticidade do aluno, levando-o a analisar sua realidade e as contradições existentes nela. Primeiramente, o estudante aprende a entender "seu mundo" e, depois, deve expandir esse entendimento para a compreensão dos "mundos das outras pessoas", de modo que assimile a existência de diferentes realidades.

Logo, no ensino ativo, o professor deve estar aberto para inovar o tempo todo e problematizar. Conforme Diesel, Baldez e Martins (2017, p. 275), "no contexto da sala de aula, problematizar implica em fazer uma análise sobre a realidade como forma de tomar consciência dela. Em outra instância, há necessidade de o docente instigar o desejo de aprender do estudante, problematizando os conteúdos".

Como já vimos, as metodologias ativas têm relação com a pedagogia freireana, principalmente no quesito problematização, que é um dos pontos centrais dessas abordagens. Na perspectiva freireana, o professor desempenha um papel crucial como facilitador do processo educacional. Essa abordagem educacional é centrada no diálogo, na participação ativa dos alunos e na conscientização. A função do professor nesse contexto é promover a construção conjunta do conhecimento, buscando a transformação social e a emancipação dos alunos, objetivos próximos daqueles buscados com as metodologias ativas.

Uma das principais funções do professor na pedagogia freireana é o diálogo e a escuta ativa. O professor deve estabelecer um diálogo aberto com os alunos, valorizando as experiências e as perspectivas deles. A escuta ativa é essencial para entender as necessidades e os interesses dos alunos.

Por meio do diálogo, o professor introduz a problematização. Ele deve apresentar situações-problema relevantes para a realidade dos alunos, para que eles possam refletir criticamente sobre suas vivências e o mundo ao seu redor (Freire, 2015).

É função do professor estimular a participação ativa de todos os alunos, promovendo discussões e atividades que os engajem de maneira significativa. Com isso, é possível a construção conjunta do conhecimento; o docente não é o detentor absoluto do conhecimento, mas um mediador que trabalha com os alunos para construir o conhecimento de forma coletiva.

Convém ressaltar que um dos pontos mais importantes é promover a conscientização e a transformação social. A pedagogia freireana visa conscientizar os alunos sobre sua realidade social e desenvolver ações que contribuam para a transformação das condições de vida e a busca pela justiça social (Freire, 2015). Todos esses aspectos da abordagem freireana são possíveis e esperados também nas metodologias ativas.

Fica claro, com o que apresentamos até aqui, que é preciso repensar a formação docente, de modo a construir uma postura investigativa, crítica e reflexiva:

> assegura-se que um dos caminhos viáveis para intervir nessa realidade resida em oportunizar aos professores e professoras refletirem na e sobre a sua prática pedagógica, a fim de que possam construir um diálogo entre suas ações e palavras, bem como outras formas de mediação pedagógica.
>
> Ademais, acredita-se que toda e qualquer ação proposta com a intenção de ensinar deve ser pensada na perspectiva daqueles que dela participarão, que via de regra, deverão apreciá-la. Desse modo, o planejamento e a organização de situações de aprendizagem deverão ser focados nas atividades dos estudantes, posto que é a aprendizagem destes, o objetivo principal da ação educativa. (Diesel; Baldez; Martins, 2017, p. 270)

Portanto, o professor precisa pesquisar sua prática o tempo todo, bem como refletir sobre ela. Afinal, o docente não sabe a solução de todos os problemas que vão surgir durante as aulas; isso também será construído por ele "ao vivo" em parceria com os estudantes. Em alguns momentos, o professor vai ficar em dúvida sobre a decisão que deve tomar e não vai dispor de todos os dados e materiais necessários. Por isso, a formação docente precisa envolver saberes abrangentes, especializados e experienciais (Diesel; Baldez; Martins, 2017).

1.4 Interdisciplinaridade

Os currículos estabelecem a existência de disciplinas que contêm parcelas específicas do conhecimento. Dentro das disciplinas, os fenômenos da natureza são explicados com base em conceitos da própria área, muitas vezes sem levar em conta outros ramos do saber (Sousa; Coelho, 2020).

No entanto, as discussões na área educacional mostram que essa disciplinarização do conhecimento é limitada, uma vez que os problemas da natureza e do cotidiano do estudante são complexos, envolvendo várias áreas. Nesse contexto, passou-se a pensar sobre interdisciplinaridade.

Segundo Sousa e Coelho (2020), a interdisciplinaridade não é um conceito novo – a ideia de trabalhar o conhecimento de forma integrada já era usada pelos gregos. Porém, no ensino, tal abordagem só tomou forma significativa e virou palco de discussões na década de 1960. Esse movimento começou principalmente na França e na Itália, depois de estudantes realizarem reivindicações pela melhoria do ensino e pela aproximação da realidade da escola:

> a interdisciplinaridade emerge nos anos 1960 como precursora não somente na crítica, mas sobretudo na busca de respostas aos limites do conhecimento disciplinar que sustenta o paradigma da ciência moderna, considerado por pensadores da educação e da ciência como simplificador, fragmentador e redutor do conhecimento. Em função de sua proposta, passa a configurar-se como um modo inovador na produção do conhecimento que não nega o disciplinar, mas o complementa e amplia – apresent**ando-s**e, nesse caso, como alternativo –, quando busca focar a questão da complexidade e dos desafios à religação dos saberes. (Alvarenga et al., 2015, p. 58)

O termo *interdisciplinaridade* tem algumas variações, como *transdisciplinaridade*, *multidisciplinaridade* e outros que surgem nas discussões mais profundas. Nesse contexto, embora a interdisciplinaridade não tenha uma definição única, ela sempre aponta para a possibilidade de quebrar as divisões do conhecimento.

Com efeito, apesar das múltiplas discussões, não existe uma definição exata para a interdisciplinaridade, pois ela tem muitas dimensões epistemológicas, as quais variam de autor para autor. Independentemente da falta de conceituação, os documentos nacionais orientam para o uso da abordagem dos Parâmetros Curriculares Nacionais (PCN) para o Ensino Médio, de 2000 (Brasil, 2000), das Diretrizes Curriculares Nacionais para o Ensino Médio (DCNEM), implementadas pela Resolução n. 2, de 30 de janeiro de 2012 (Brasil, 2012), e da Base Nacional Comum Curricular (BNCC), de 2018 (Brasil, 2018).

Adotaremos aqui o que Sousa e Coelho (2020, p. 45) afirmam:

> Sem ter a pretensão de uma longa discussão sobre o conceito do termo, a interdisciplinaridade pode ser entendida aqui como uma perspectiva de trabalho pedagógico que visa promover o diálogo constante de saberes, no qual essa conversa entre as diversas áreas do conhecimento, e seus respectivos conteúdos, se dariam como o entrelaçamento entre os diversos fios que tecem o currículo escolar, de modo que possa fortalecer, qualificar e contextualizar o processo de aprendizagem dos discentes em seus respectivos níveis de ensino.

Nesse sentido, as metodologias ativas têm grande potencial para envolver práticas interdisciplinares, visto que a problematização é bastante comum e os desafios do mundo real estão sempre envoltos em várias áreas do conhecimento.

A interdisciplinaridade e as metodologias ativas estão relacionadas na forma como abordam o processo educacional e a construção do conhecimento. As duas propostas buscam uma abordagem mais integrada e significativa, superando a fragmentação tradicional do ensino e promovendo uma aprendizagem mais completa e contextualizada.

A **interdisciplinaridade** refere-se à integração de diferentes disciplinas ou áreas de conhecimento em um único tema ou projeto. O objetivo é criar uma visão mais abrangente e holística do conhecimento, conectando conceitos de diversas áreas para uma compreensão mais profunda e realista da realidade.

Por sua vez, as **metodologias ativas** são abordagens de ensino que colocam os alunos como protagonistas do processo de aprendizagem, envolvendo-os ativamente na construção do conhecimento. Diferentemente do que ocorre no ensino tradicional, que é mais passivo e centrado no professor, as metodologias ativas incentivam a participação ativa, o trabalho em equipe, a resolução de problemas e a aplicação prática dos conteúdos (Sousa; Coelho, 2020).

A relação entre interdisciplinaridade e metodologias ativas ocorre quando o uso dessas metodologias permite que os alunos explorem e conectem diferentes áreas de conhecimento, desenvolvendo uma compreensão mais profunda e interconectada dos temas estudados. Ao promoverem a participação ativa dos alunos e incentivarem a colaboração entre eles, as metodologias ativas também facilitam a integração de saberes e a construção de um conhecimento mais contextualizado e significativo. Afinal,

> De fato, o ser humano é, definitivamente, complexo e, para que se desenvolva de maneira completa, é necessária a incorporação de estratégias de aprendizagem mais flexíveis e abrangentes. Assim, é imperioso que o cidadão se aproprie de um conhecimento plural, integrativo e interdisciplinar, pautado na criticidade e na solução dos problemas sociais, desenvolvendo uma verdadeira cidadania multicultural. (Cruz; Bourguignon, 2020, p. 2)

Dessa maneira, a interdisciplinaridade e as metodologias ativas trabalham juntas para tornar o processo de aprendizagem mais rico, envolvente e relevante para os alunos, contribuindo para uma formação mais completa e preparada para enfrentar os desafios do mundo contemporâneo.

1.5 Exemplos de metodologias ativas

Conforme discutimos até aqui, as metodologias ativas colocam o estudante como centro do processo de aprendizagem e o tornam responsável por seu desenvolvimento. Existem vários tipos de metodologias que podem ser classificadas como ativas: aprendizagem baseada em projetos, modelo híbrido de ensino, aprendizagem baseada em problemas, aprendizagem por pares, abordagem de controvérsias sociocientíficas, aprendizagem por times, estudo de caso, sala de aula invertida, metodologia *jigsaw*, experimentação problematizadora, gamificação, ensino por investigação, entre outras. Algumas dessas metodologias serão descritas a seguir, enquanto outras serão abordadas mais profundamente nos próximos capítulos.

Uma metodologia ativa bastante simples de ser incorporada nas aulas de Química, mas que tem excelentes resultados é a **jigsaw.** Essa estratégia de ensino, desenvolvida por Elliot Aronson e colaboradores em 1978 (Aronson et al., 1978), baseia-se na aprendizagem cooperativa, uma vez que os estudantes também se tornam responsáveis pela compreensão dos colegas, para além do professor.

Na *jigsaw*, os estudantes são divididos em grupos, chamados de *grupos de base*, os quais devem ter a mesma quantidade de pessoas. Eles devem discutir brevemente determinado assunto e, em seguida, o grande tema da aula é dividido em subtópicos, cuja quantidade deve ser igual ao número de alunos em cada grupo. Nesse momento, os estudantes são reorganizados em grupos denominados *especialistas*, e cada um deve estudar um dos subtópicos do assunto da aula. Portanto, esses indivíduos vão se especializar em uma parte do tema da aula. Depois, os alunos retornam para os grupos de base do início e cada um explica para os colegas o fragmento que estudou no grupo de especialistas. Assim, todas as partes do conteúdo são unidas e os estudantes ensinam uns aos outros (Fatareli et al., 2010).

A Figura 1.2 resume a *jigsaw*. Para avaliar o aprendizado dos estudantes, o docente pode realizar um *quiz* (uma série de perguntas) e, a partir do resultado, identificar os pontos do conteúdo que não ficaram completamente claros e precisam ser retomados por ele.

Figura 1.2 – Representação da metodologia *jigsaw*

GRUPOS DE BASE: um determinado tópico é discutido pelos alunos de cada grupo. O tópico é subdividido em tantos subtópicos quantos os membros do grupo.

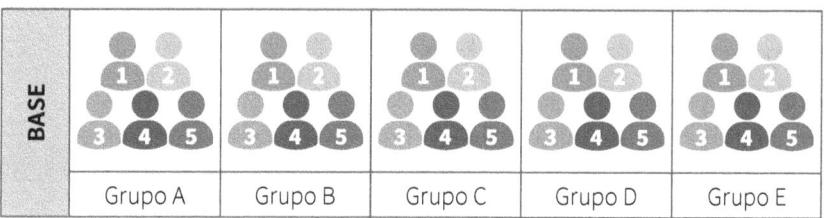

GRUPOS DE ESPECIALISTAS: cada aluno estuda e discute juntamente com os membros dos outros grupos a quem foi distribuído o mesmo subtópico, formando assim um grupo de especialistas.

RETORNO AOS GRUPOS DE BASE: cada aluno volta ao grupo de base e apresenta o que aprendeu sobre o seu subtópico aos colegas, de maneira que fiquem reunidos os conhecimentos indispensáveis para a compreensão do tópico em questão.

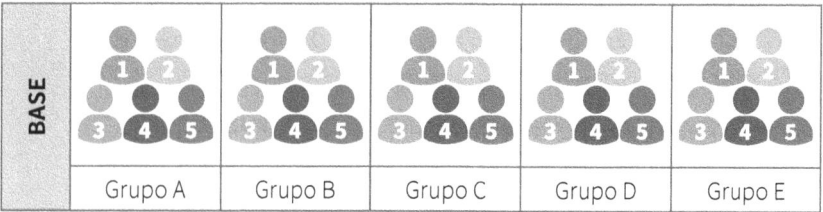

Fonte: Fatareli et al., 2010, p. 162.

Na metodologia *jigsaw*, os estudantes desenvolvem a autonomia, pois são responsáveis pela própria aprendizagem. A interdependência positiva também é estimulada, uma vez que é realizado um trabalho conjunto em busca de um objetivo comum, que é a aprendizagem de todos, e podem ser desenvolvidas habilidades interpessoais, como liderança, comunicação, confiança, resolução de conflitos, entre outras (Fatareli et al., 2010).

Fatareli et al. (2010) usaram a metodologia *jigsaw* para abordar o conteúdo de cinética química e concluíram que

> a aplicação do método *Jigsaw* teve boa receptividade entre os estudantes, que apresentaram uma atitude mais ativa e responsável em relação ao seu aprendizado. De fato, durante a aplicação da estratégia, verificamos um grande interesse da maior parte da turma em participar das atividades em grupo, assim como foram desempenhados a contento os papéis a eles atribuídos. (Fatareli et al., 2010, p. 168)

Outra metodologia ativa que pode ser usada nas aulas de Química é a abordagem de **controvérsias sociocientíficas**, as quais são situações de cunho científico e tecnológico de difícil resolução que envolvem aspectos sociais, políticos, éticos, ambientais, econômicos, entre outros. Essas situações são frequentes nos meios de comunicação e envolvem avaliações divergentes e disputas de interesses. De acordo com Mundim e Santos (2012, p. 791), elas têm como características "relacionar-se à ciência; envolver formação de opinião e escolhas; ter dimensão local, nacional ou global; envolver discussão de valores e ética; estar relacionado à vida; envolver discussão de benefícios, riscos e valores, entre outras".

São exemplos de controvérsias sociocientíficas o uso de agrotóxicos na produção de alimentos, a energia nuclear, o aquecimento global, as pesquisas com células-tronco, a eutanásia, a clonagem de seres vivos, a utilização de alimentos geneticamente modificados, entre outras.

Na abordagem de controvérsias sociocientíficas, o professor usa um desses temas polêmicos para a construção das aulas; portanto, parte-se do problema e não dos conteúdos. Geralmente, essa metodologia envolve debate, sendo comum a utilização de júris simulados e rodas de discussão, em que os estudantes podem pesquisar e apresentar diferentes pontos de vista sobre a mesma situação (Krupczak; Lorenzetti; Aires, 2020).

A abordagem de controvérsias sociocientíficas busca mais do que a simples transmissão dos conhecimentos; ela visa à formação de cidadãos críticos, que conseguem usar os conhecimentos científicos para decodificar, compreender e transformar a realidade em que vivem. Assim, essa metodologia de ensino permite o desenvolvimento da alfabetização científica dos estudantes e

> As discussões em si apresentam um conjunto de potencialidades único, uma vez que criam oportunidades de: 1) vivenciar a democracia em sala de aula porque o protagonismo da ação fica centrado nos alunos e todas as opiniões são igualmente valorizadas; 2) aprender conteúdos, fomentando a pesquisa, facilitando a aprendizagem entre pares e estimulando o reforço e a consolidação da informação; 3) aprender e praticar regras de conduta sociais (quem fala, quando e como) e, essencialmente, a respeitar

a opinião do outro, reforçando a tolerância; 4) incentivar a participação e estimulando o desenvolvimento de competências de comunicação; 5) desenvolver a capacidade de argumentação, porque a valorização de cada opinião dependerá da forma como o seu autor a defender, isto é, da maneira como argumentar; 6) colocar no mesmo espaço, discutindo a mesma situação, indivíduos com características distintas, o que permite a construção de propostas mais ricas. (Hilário; Reis, 2009, p. 170)

Outra vantagem da abordagem de controvérsias sociocientíficas é que os estudantes aprendem a verificar a credibilidade de fontes de informação. Essa é uma habilidade fundamental que, em tempos de *fake news* (notícias falsas), o professor pode estimular.

Além disso, a discussão sobre controvérsias sociocientíficas permite compreender melhor o funcionamento da ciência. Os estudantes podem perceber que ela é uma construção social e cultural, sendo influenciada por valores e interesses da sociedade e dos grupos que a financiam. Por meio das pesquisas, os alunos podem entender os argumentos apresentados por cientistas, governos e outros grupos envolvidos na situação. Com isso, nota-se que não existem consensos absolutos em controvérsias sociocientíficas, principalmente relacionados aos riscos (Krupczak; Aires; Reis, 2020).

A abordagem de controvérsias sociocientíficas possibilita que os conhecimentos científicos fiquem mais próximos da realidade do estudante. Logo, é uma maneira de contextualizar os conceitos e estimular a aprendizagem significativa dos alunos. Um exemplo de como usar essa estratégia no ensino de Química pode ser encontrado no trabalho de Quidigno et al. (2021). Os autores propõem utilizar o tema do uso de agrotóxicos para abordar os conteúdos de química orgânica de forma contextualizada.

Buscamos apresentar aqui algumas propostas de uso de metodologias ativas, mas vale lembrar que

> Em educação – em um período de tantas mudanças e incertezas – não devemos ser xiitas e defender um único modelo, proposta, caminho. Trabalhar com modelos flexíveis com desafios, com projetos reais, com jogos e com informação contextualizada, equilibrando colaboração com a personalização é o caminho mais significativo hoje, mas pode ser planejado e desenvolvido de várias formas e em contextos diferentes. Podemos ensinar por problemas e projetos num modelo disciplinar e em modelos sem disciplinas; com modelos mais abertos – de construção mais participativa e processual – e com modelos mais roteirizados, preparados previamente, mas executados com flexibilidade e forte ênfase no acompanhamento do ritmo de cada aluno e do seu envolvimento também em atividades em grupo. (Morán, 2015, p. 25)

As metodologias ativas podem ser aplicadas de várias maneiras, então não existe um método único para incluí-las no ensino.

Síntese

Neste primeiro capítulo, procuramos esclarecer o que são as metodologias ativas. Vimos que, nelas, os estudantes são o centro de todo o processo de ensino e são responsáveis pela sua aprendizagem. Assim, como o próprio nome da abordagem indica, os alunos precisam ser ativos durante as aulas. Portanto, um dos pontos principais dessas estratégias de ensino é o protagonismo estudantil, buscando-se o desenvolvimento de autonomia, responsabilidade, amadurecimento, compromisso, entre outras habilidades.

Nas metodologias ativas, os professores atuam como mediadores e orientadores do processo de aprendizagem, não sendo os donos do conhecimento ou responsáveis por transmiti-lo para os estudantes. Os docentes devem atuar como curadores dos materiais e atividades de pesquisa, devendo organizar o processo de ensino e aprendizagem.

Vimos que as metodologias ativas podem ter relação com a interdisciplinaridade, facilitando a implementação desta. Isso ocorre porque elas costumam envolver o uso de projetos de ensino amplos, resolução de problemas, aprendizagem cooperativa, uso de controvérsias sociocientíficas, entre outras estratégias.

Por fim, comentamos alguns exemplos de metodologias ativas, focando a *jigsaw* e a abordagem de controvérsias sociocientíficas. Outras estratégias de ensino ativas serão estudadas com mais detalhes nos próximos capítulos.

Atividades de autoavaliação

1. Qual das afirmativas a seguir está de acordo com a relação entre as metodologias ativas e a tecnologia no contexto educacional, conforme apresentado no texto?
    a) As metodologias ativas são estratégias de ensino que surgiram apenas recentemente, enquanto a tecnologia já existe há décadas, mas ambas não têm relação com a educação.
    b) As metodologias ativas são abordagens de ensino que enfatizam o ensino tradicional e a transmissão de informações, enquanto a tecnologia é vista como um desafio assustador para a educação.
    c) As metodologias ativas se baseiam na integração das tecnologias no processo de ensino e na centralidade do processo no estudante, possibilitando uma aprendizagem mais significativa e contextualizada.
    d) As metodologias ativas são estratégias inovadoras que não têm relação com o uso da tecnologia, sendo focadas apenas na interação social e no desenvolvimento de projetos.
    e) A tecnologia tem pouco impacto na educação atual, e as metodologias ativas não consideram o uso de recursos tecnológicos como um meio para aprimorar o processo de ensino e aprendizagem.

2. De acordo com as metodologias ativas e a pedagogia da libertação de Paulo Freire, qual é o papel do estudante no processo de aprendizagem?
   a) O estudante é apenas um receptor passivo de conhecimento, sendo responsável por absorver a teoria apresentada pelo professor.
   b) O estudante é o centro do processo de aprendizagem, sendo um sujeito ativo e construtor de saberes, que busca a teoria a partir da realidade e dos problemas apresentados.
   c) O estudante deve trabalhar individualmente para desenvolver habilidades específicas, sem a necessidade de cooperação ou de trocas com outros colegas.
   d) O estudante precisa apenas seguir as orientações do professor e realizar atividades predeterminadas, sem a necessidade de tomar decisões ou avaliar resultados.
   e) O estudante deve se limitar a seguir as teorias e os conceitos apresentados pelo professor, sem a necessidade de experimentar novas possibilidades ou mostrar iniciativa.

3. Qual é o papel do professor nas metodologias ativas de ensino?
   a) O professor é responsável por transmitir o conhecimento de forma tradicional, sem a necessidade de envolver os estudantes em atividades participativas.
   b) O professor atua como um gestor administrativo, cuidando apenas da seleção e da organização dos materiais disponíveis para os estudantes.

c) O professor é um curador de informações e orientador dos estudantes, ajudando-os a selecionar materiais relevantes e apoiando-os em suas atividades.
d) O professor deve limitar-se a oferecer a teoria em aulas expositivas, deixando que os estudantes busquem conhecer a realidade e os problemas por conta própria.
e) O professor é um mero transmissor de conteúdos, sem a necessidade de desenvolver habilidades de gestão, empatia ou valorização dos estudantes.

4. Qual é a relação entre a interdisciplinaridade e as metodologias ativas no processo educacional?
   a) A interdisciplinaridade se refere à adoção de tecnologias no ensino, enquanto as metodologias ativas enfatizam a integração de diferentes áreas do conhecimento.
   b) A interdisciplinaridade promove a fragmentação do conhecimento, enquanto as metodologias ativas buscam uma abordagem mais tradicional de ensino.
   c) A interdisciplinaridade e as metodologias ativas são abordagens distintas e não têm relação entre si no processo educacional.
   d) A interdisciplinaridade enfatiza o trabalho em equipe, enquanto as metodologias ativas buscam aprofundar a compreensão dos temas estudados.
   e) As metodologias ativas incentivam a participação ativa dos alunos, enquanto a interdisciplinaridade busca integrar diferentes disciplinas em um único tema ou projeto.

5. Qual das alternativas a seguir descreve corretamente a metodologia *jigsaw* no contexto das aulas de Química?
   a) Os estudantes são divididos em grupos, chamados de *especialistas*, e cada um estuda um tema da aula. Em seguida, retornam para os grupos de base e compartilham o conhecimento adquirido, ensinando uns aos outros.
   b) Os estudantes são divididos em grupos, chamados de *base*, e cada um estuda um tema da aula. Em seguida, retornam para os grupos especialistas e compartilham o conhecimento adquirido, ensinando uns aos outros.
   c) Os estudantes estudam individualmente todo o conteúdo da aula e, em seguida, fazem um teste para avaliar seus conhecimentos.
   d) Os estudantes participam de um debate sobre um tema controverso relacionado à química, a fim de desenvolver habilidades de argumentação e comunicação.
   e) Os estudantes são apresentados a um problema complexo relacionado à química e devem trabalhar em equipe para resolvê-lo, aplicando conceitos de várias áreas do conhecimento.

Atividades de aprendizagem

Questões para reflexão

1. Você se lembra de ter tido alguma aula na educação básica que utilizasse algum tipo de metodologia ativa? Explique como eram as aulas.

2. Você já conhecia as metodologias ativas? Se você já é professor, usa essas metodologias em suas aulas? Se ainda vai ser professor, qual metodologia ativa apresentada neste capítulo pretende usar?

Atividade aplicada: prática

1. Crie uma sequência didática para o ensino de algum conteúdo de Química do ensino médio usando a abordagem de controvérsias sociocientíficas ou a *jigsaw*. Sua sequência didática deve ter no mínimo três aulas, abordar um conteúdo de Química do ensino médio e conter a etapa avaliativa.

Capítulo 2

Sala de aula invertida e modelos híbridos

Flavia Sucheck Mateus da Rocha

No capítulo anterior, tratamos do conceito de metodologias ativas e vimos que há diferentes possibilidades e abordagens que podem ser utilizadas por professores de Química. Considerando-se o atual cenário social, marcado pela forte presença das tecnologias digitais, o ensino que contempla momentos *on-line* tem sido incentivado.

É importante compreender que um ensino remoto ou uma aula transmitida virtualmente podem ser tão, ou mais, tradicionais quanto uma aula presencial. Contudo, é possível que um professor gerencie ferramentas e métodos para favorecer a participação do estudante, o que converge para uma metodologia ativa. É necessário que o professor entenda que suas ações na aula *on-line* podem impactar significativamente a participação ativa do estudante.

Além de modelos totalmente *on-line* de aulas, existem os modelos híbridos de ensino, que mesclam momentos presenciais com momentos remotos síncronos e assíncronos. Embora não haja um consenso na literatura que diferencie os termos comumente utilizados em referência ao ensino híbrido, vamos abordar alguns deles, como *blended learning* e *e-learning*. Quando um professor conhece as características desses modelos, pode preparar aulas e práticas que visam favorecer o processo de aprendizagem de seus estudantes.

Neste capítulo, examinaremos os seguintes temas: ensino híbrido; sala de aula invertida; exemplos de sala de aula invertida; *blended learning;* e *e-learning*. Esperamos que você possa compreender essas temáticas para verificar como a sala de aula invertida e os modelos híbridos de ensino se configuram como possibilidades de metodologias ativas no ensino de Química.

2.1 Ensino híbrido

No Brasil, a expressão *ensino híbrido* se tornou mais popular a partir da pandemia de covid-19, quando diferentes instituições passaram a oportunizar aulas *on-line* para seus estudantes, que estavam impossibilitados de comparecer às escolas por uma questão de saúde pública.

Entretanto, o ensino híbrido ganhou destaque já na década de 1960, em instituições norte-americanas de ensino superior que adotavam o modelo a distância, com a proposta de utilização de tecnologias digitais e descentralização do ensino, de modo a não se concentrar exclusivamente no professor.

Mas, afinal, o que é ensino híbrido? Trata-se de uma abordagem de ensino com práticas mistas, em relação tanto ao local de aprendizagem (presencial e *on-line*) quanto aos métodos empregados pelo professor. Desse modo, o simples cenário virtual não caracteriza um ensino como híbrido; é preciso que o professor também propicie a colaboração entre os estudantes e a troca de conhecimentos (Rodrigues, 2010).

Portanto, muitas das práticas realizadas durante a pandemia que eram chamadas de *ensino híbrido* não se referiam, necessariamente, ao ensino híbrido visto como uma das metodologias ativas, já que não favoreciam a aprendizagem colaborativa. Pasin e Delgado (2017, p. 103) reforçam que o ensino híbrido requer ambientes "que tenham como objetivo principal o amadurecimento escolar e acadêmico progressivo". Nesse sentido, o ensino híbrido incentiva a autonomia do estudante e exige que este progrida no aprendizado a partir de diferentes estratégias.

Com relação ao conceito de ensino híbrido, Souza, Chagas e Anjos (2019) o compreendem como a continuação da sala de aula, uma instância que contempla o universo presencial e o virtual, sendo associado a modelos pedagógicos propícios para a sua efetivação.

Horn e Staker (2015, p. 8) consideram o ensino híbrido como

> um programa de educação formal no qual um estudante aprende pelo menos em parte por meio do ensino *online*, com algum elemento de controle do aluno sobre o tempo, local, caminho e/ou ritmo do aprendizado; pelo menos em parte em uma localidade física supervisionada, fora de sua residência; e que as modalidades ao longo do caminho de aprendizado de cada estudante em um curso ou matéria estejam conectados, oferecendo uma experiência de educação integrada.

Nessa perspectiva, o ensino híbrido é um programa que possibilita que o estudante vivencie momentos de estudo por meio de tecnologias digitais em ambientes *on-line* e presencial, de acordo com sua disponibilidade de tempo e local. Além disso, esse programa conta com momentos presenciais de mediação do professor.

Nessas práticas, Horn e Staker (2015) destacam que são valorizadas as relações interpessoais em grupo e a realização de atividades que complementam aquelas já realizadas de maneira *on-line*. Com isso, são propostas diferentes formas de ensinar e de aprender que podem favorecer práticas pedagógicas eficientes e personalizadas, possibilitando ao estudante o desenvolvimento da autonomia, da responsabilidade e da flexibilidade do aprendizado.

Nesse sentido, esse "modelo permite aliar inúmeros recursos relacionados à aprendizagem, proporcionando a cada aluno a chance de aproveitar mais os momentos *on-line* e presenciais" (Spinardi; Both, 2018, p. 5). Para tanto, "é preciso fazer a triagem de conteúdos e definir ações pedagógicas que possam dar conta da 'fusão' entre o virtual e o presencial" (Brito, 2020, p. 8).

Nesse viés, Bacich (2015) afirma que o ensino híbrido é uma combinação metodológica que impacta as ações do professor no ensinar e as dos estudantes em aprender. A autora destaca que, por mais que não haja uma única definição literal aceita para o termo, existem convergências entre o modelo presencial que ocorre em sala de aula e o modelo *on-line* mediante o uso de tecnologias digitais para a promoção do ensino.

Assim, compreende-se que o ensino híbrido visa integrar o ensino presencial e o *on-line*, personalizando métodos de ensino e de aprendizagem. Contudo, é essencial que eles se complementem, oportunizando aulas diferenciadas para o uso de tecnologias digitais e metodologias que possam favorecer os processos educativos, tais como as metodologias ativas.

Nesse contexto, Souza, Chagas e Anjos (2019) reforçam que o professor é peça-chave no planejamento, na organização e na mediação do processo de ensino. Reiteram que, no ensino *on-line*, os conteúdos curriculares e os materiais didáticos podem ser acessados pelos estudantes a qualquer momento, em diferentes locais, ambientes e tempos. Já no ensino presencial, a aula "é organizada como um espaço de aplicação deste conhecimento por meio de projetos, estudo de caso, discussões em grupo, entre outras atividades que possibilitem uma participação ativa do aluno" (Souza; Chagas; Anjos, 2019, p. 60).

O professor que utiliza uma abordagem híbrida pode planejar e empregar diferentes materiais didáticos no ensino de determinado conteúdo, como textos, simuladores, objetos de aprendizagem, vídeos, animações e situações-problema. Por meio de estratégias metodológicas associadas com tais recursos, pode possibilitar ao estudante o acesso a informações e a realização de atividades conforme o ritmo de aprendizado de cada um.

Quanto aos tipos de ensino híbrido, Horn e Staker (2015) apresentam quatro modelos: 1) rotação (rotação por estações, laboratório rotacional, sala de aula invertida e rotação individual); 2) *flex*; 3) à la carte; e 4) virtual enriquecido. As características desses modelos estão descritas no Quadro 2.1, a seguir.

Quadro 2.1 – Modelos de ensino híbrido

Modelos de ensino híbrido	Subtipos	Características
Rotação	Rotação por estações	Em cada estação de estudo, o professor deve organizar atividades diferentes a serem realizadas por equipes de alunos. Uma das estações pode contar com atividade *on-line*. Os grupos de estudantes intercalam-se entre as estações, acessando diferentes atividades em um determinado intervalo de tempo.
	Laboratório rotacional	As atividades ocorrem em locais diferenciados, envolvendo sala de aula e laboratório de informática. Em cada local há um professor ou tutor.

(continua)

(Quadro 2.1 – conclusão)

Modelos de ensino híbrido	Subtipos	Características
	Sala de aula invertida	O estudante tem contato com o conteúdo em casa e, na sequência, em sala de aula, dialoga sobre o que aprendeu em casa, realiza projetos/atividades sobre o assunto ou realiza práticas.
	Rotação individual	O professor fornece uma série de tarefas a serem executadas de forma individual pelo estudante.
Flex	—	Os estudantes recebem tarefas para serem realizadas individualmente e podem contar com o suporte do professor. Não há divisão por séries. É um modelo comum na realização de cursos.
À la carte	—	O aluno tem flexibilidade para escolher conteúdos e tarefas a serem executadas. Os estudantes podem realizar cursos na escola física ou fora da sala de aula, tendo suporte *on-line* do professor.
Virtual enriquecido	—	Compreende a organização e a oferta de cursos *on-line* com alguns encontros presenciais na escola como forma de suplementação do ensino. É um modelo pouco comum na educação básica no Brasil.

Podemos perceber que o ensino híbrido pode desenvolver métodos diferentes para as práticas educativas nos meios presencial e virtual, contribuindo para a construção do conhecimento e para a reorganização do espaço escolar.

2.2 Sala de aula invertida

Como vimos, uma das possibilidades do ensino híbrido é a abordagem de sala de aula invertida. Na aprendizagem ativa, os estudantes têm de se preparar fora do ambiente escolar por meio de leituras, aulas virtuais ou outros mecanismos de aprendizagem.

A sala de aula invertida conta com as seguintes características:

- O conteúdo e as instruções são estudados *on-line* antes de o estudante frequentar a sala de aula.
- Na sala de aula, são realizadas atividades diferenciadas, como resolução de problemas e projetos, discussão em grupo, laboratórios de ciências, entre outros.
- O professor trabalha as dificuldades dos alunos, em vez de fazer apresentações sobre o conteúdo da disciplina.

Horn e Staker (2015, p. 44) afirmam que, nesse modelo,

> os estudantes têm lições ou palestras *on-line* de forma independente, seja em casa, seja durante um período de realização de tarefas. O tempo na sala de aula, anteriormente reservado para instruções do professor, é, em vez disso, gasto no que costumamos chamar de "lição de casa", com os professores fornecendo assistência quando necessário.

Na escola, os estudantes realizam atividades e projetos educacionais sobre o conteúdo estudado anteriormente em casa. O professor, em sala de aula, pode se concentrar nas dificuldades dos estudantes e nas aplicações do conteúdo, em vez de expor a matéria. Assim, o papel do professor é mediar o processo de aprendizagem, guiando discussões e reflexões e esclarecendo as dúvidas dos estudantes, de modo a propiciar a construção do conhecimento e instigar os alunos a resolver problemas.

Valente (2014) apresenta algumas considerações a serem contempladas, como a produção de material para o estudante trabalhar *on-line* e o planejamento das atividades para a sala de aula presencial. Segundo esse autor, a maior parte das estratégias deve ocorrer mediante vídeos que podem ser gravados a partir das aulas presenciais ou com o auxílio de algum *software* educacional. É relevante que o professor considere a quantidade e o tamanho dos vídeos ofertados, pois o objetivo não é substituir a aula presencial por eles, e sim disponibilizar material explicativo que possa colaborar com a aprendizagem. Nesse sentido, vale observar que a sala de aula invertida deve ser uma metodologia ativa; por isso, apenas usar vídeos como tutoriais não garante o desenvolvimento da autonomia do estudante.

Para evitar que o uso excessivo de vídeos seja o único recurso da sala de aula invertida, conforme Valente (2014), cabe ao professor disponibilizar tecnologias digitais, como *softwares*, simuladores, animações e laboratórios virtuais, a fim de que o estudante complemente informações sobre o material proposto. À vista disso, incentiva-se o estudante à preparação para a aula presencial, promovendo a realização tarefas e a autoavaliação que integram as atividades *on-line*. Por meio dessas atividades, o professor diagnostica o nível de assimilação do conteúdo pelo estudante e, se necessário, propõe outras atividades que oportunizem a compreensão do assunto.

A utilização da sala de aula invertida possibilita ao estudante conhecer o conteúdo antes de ir para a escola, onde ocorrem momentos de discussão, reflexão, esclarecimento de dúvidas, desenvolvimento de projetos e trabalhos mediados pelo professor.

Entre as tecnologias que podem ser utilizadas na sala de aula invertida estão:

- ambiente virtual, como o Google Classroom (2024), conhecido no Brasil como Google Sala de Aula;
- Plickers* (2024) como ferramenta de avaliação, com o uso de cartões de resposta em tempo real, *on-line* ou *off-line*;
- Formulários Google (2024), utilizado na criação dos questionários;
- YouTube (2024), como rede social para disponibilização dos vídeos.

---

* O Plickers é um aplicativo utilizado para criar questionários de múltipla escolha, disponível em plataformas *web*, Android e iOS. Ele permite aos professores obter *feedback* individual dos alunos, escaneando cartões de resposta com um dispositivo móvel.

2.3 Exemplos de sala de aula invertida

O ensino tradicional de Química normalmente envolve o seguinte padrão: explicação do conteúdo pelo professor no quadro, resolução de exemplos também pelo professor no quadro, entrega de exercícios para que sejam resolvidos pelos estudantes.

Na abordagem de sala de aula invertida, esse padrão deve ser rompido. Mas como fazer isso? Como inverter os processos pedagógicos na disciplina de Química?

Primeiramente, é preciso entender que a sala de aula invertida deve ser planejada em seus três momentos: antes da aula; durante a aula presencial; depois da aula. Veja alguns elementos na Figura 2.1, a seguir.

Figura 2.1 – Esquema sobre sala de aula invertida

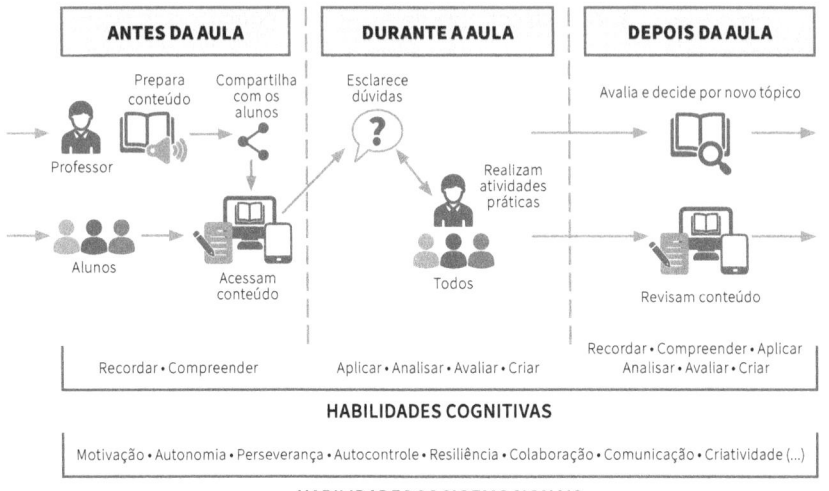

ANTES DA AULA	DURANTE A AULA	DEPOIS DA AULA
Professor: Prepara conteúdo • Compartilha com os alunos	Esclarece dúvidas	Avalia e decide por novo tópico
Alunos: Acessam conteúdo	Realizam atividades práticas — Todos	Revisam conteúdo
Recordar • Compreender	Aplicar • Analisar • Avaliar • Criar	Recordar • Compreender • Aplicar • Analisar • Avaliar • Criar

HABILIDADES COGNITIVAS

Motivação • Autonomia • Perseverança • Autocontrole • Resiliência • Colaboração • Comunicação • Criatividade (...)

HABILIDADES SOCIOEMOCIONAIS

AbbasyKautsar Creative/Shutterstock

Fonte: Schmitz, 2016, p. 67.

Cabe ao professor organizar essa prática, prevendo quais são as atividades a serem realizadas pelos estudantes em cada etapa, de acordo com o conteúdo a ser ensinado.

Por exemplo, o professor pode desejar que, antes da aula, um aluno recorde um conceito ou compreenda um processo.
Na aula, o estudante vai analisar, aplicar, avaliar ou criar a partir da atividade feita em casa. Depois, é preciso estabelecer atividades que levem o aluno a unir todas as habilidades desenvolvidas no processo.

O professor de Química terá de fazer alguns questionamentos a si próprio no momento do planejamento:

- Esse conceito deve ser abordado a partir da formalização do conteúdo* ou de situações-problema?
- O aluno deve ler/assistir antes da aula?
- O aluno deve manipular/explorar antes da aula?
- A formalização do conteúdo é relevante?

Conforme o conceito a ser abordado, as estratégias poderão ser diferentes. A seguir, veja um exemplo de planejamento de aula no modelo de sala de aula invertida.

---

* Aqui, entende-se por *formalização do conteúdo* a apresentação do conteúdo na linguagem formal e própria da química, incluindo conceituações, definições e leis.

Exemplo prático

- Título da aula: "Estequiometria: cálculos e proporções em reações químicas"
- Objetivo da aula: Compreender e aplicar os princípios da estequiometria para realizar cálculos e proporções em reações químicas.
- Duração da aula: 1 hora e 30 minutos
- Recursos necessários: Acesso à internet; computador ou dispositivo móvel; projetor ou tela para exibir vídeos.
- Etapas da aula:
  1. Pré-aula (em casa)
     - Os alunos receberão um material de estudo prévio, como um vídeo ou um texto explicativo sobre os conceitos básicos de estequiometria.
     - Eles deverão assistir ao vídeo ou ler o texto e fazer anotações sobre os principais conceitos e fórmulas.
  2. Aula invertida (em sala de aula)
     - Iniciar a aula com uma revisão rápida dos conceitos básicos de estequiometria, verificando o entendimento dos alunos.
     - Em seguida, dividir a turma em grupos pequenos e atribuir a cada grupo uma questão ou problema relacionado à estequiometria.
     - Os grupos terão um tempo determinado para discutir e resolver o problema, aplicando os conceitos aprendidos na pré-aula.
     - Enquanto os grupos trabalham, circular pela sala para auxiliar e esclarecer dúvidas.

3. Discussão em grupo
- Após o tempo estipulado, pedir a cada grupo que apresente a solução e explique o raciocínio utilizado.
- Estimular a participação de todos os alunos, promovendo a troca de ideias e o debate entre os grupos.
- Fazer perguntas adicionais para aprofundar a compreensão dos conceitos e incentivar a reflexão dos alunos sobre a aplicação da estequiometria em diferentes contextos.

4. Atividade prática (opcional)
- Se houver tempo disponível, propor uma atividade prática relacionada à estequiometria, como a realização de uma reação química simples.
- Os alunos poderão aplicar os cálculos e as proporções aprendidos para determinar a quantidade de reagentes necessários e prever os produtos formados.

5. Encerramento
- Fazer um resumo dos principais pontos discutidos durante a aula, reforçando os conceitos e as aplicações da estequiometria.
- Deixar espaço para que os alunos possam fazer perguntas finais ou compartilhar suas reflexões sobre o tema.
- Indicar materiais adicionais de estudo, como livros, *sites* ou vídeos, para aqueles que desejarem aprofundar seus conhecimentos em estequiometria.

Esse é apenas um exemplo de planejamento de aula no modelo de sala de aula invertida para o conteúdo de estequiometria. O professor deve considerar a possibilidade de adaptar e personalizar o planejamento de acordo com as necessidades e características de sua turma.

Sá (2018) indica três passos a serem seguidos pelos professores para a implantação da sala de aula invertida, a saber:

1. Estruturar os conteúdos a serem explorados em ambiente virtual para o correto acesso pelo estudante. Uma sugestão é a ferramenta gratuita Sílabe (Apreender, 2024), que permite a criação de um ambiente de aprendizagem *on-line*, conectando conteúdos à plataforma. Além dessa ferramenta, podem ser utilizadas plataformas como Moodle e Facebook.
2. Fazer uma busca de conteúdos já existentes na internet, pois plataformas como Khan Academy (Khan Academy, 2024) e YouTube (2024) ofertam vídeos que podem ser adotados para amparar a aprendizagem. É possível também buscar por outros materiais, como imagens e *slides*, ou o professor pode desenvolver material específico para o fim educacional.
3. Planejar a sala de aula invertida mediante um roteiro de atividades e projetos/trabalhos que estejam relacionados com o material ofertado ao estudante pela plataforma.

Com base nas indicações de Sá (2018), observe na sequência um roteiro de aula de Química voltado para o ensino médio, a respeito de reações químicas.

Exemplo prático

- Título da aula: "Reações químicas: compreendendo e aplicando os conceitos"
- Objetivo da aula: Compreender os conceitos básicos de reações químicas e aplicá-los por meio da sala de aula invertida.
- Duração da aula: 1 hora e 30 minutos
- Recursos necessários: Acesso à internet; computador ou dispositivo móvel; projetor ou tela para exibir vídeos; plataforma Sílabe, Moodle ou Facebook (escolher uma delas); materiais de apoio, como vídeos, imagens e *slides*.
- Etapas da aula:
  1. Pré-aula (em casa)
     - Utilizando a plataforma escolhida (Sílabe, Moodle ou Facebook), disponibilizar aos alunos o acesso aos conteúdos relacionados às reações químicas. Isso pode incluir vídeos, textos, imagens ou *slides* que expliquem os conceitos básicos.
     - Os alunos devem acessar a plataforma e estudar os materiais disponibilizados, fazendo anotações e esclarecendo dúvidas.
  2. Aula invertida (em sala de aula)
     - Iniciar a aula com uma revisão rápida dos conceitos básicos de reações químicas, verificando o entendimento dos alunos.
     - Dividir a turma em grupos e atribuir a cada um a tarefa de pesquisar um exemplo de reação química na vida cotidiana, como a oxidação de metais ou a fermentação de alimentos.

- Os grupos devem utilizar a internet para buscar informações sobre o exemplo escolhido, incluindo vídeos, imagens e outros materiais de apoio.
- Cada grupo deve preparar uma apresentação sobre o exemplo escolhido, explicando os conceitos envolvidos na reação química, os produtos formados e suas aplicações.

3. Discussão em grupo
- Após as apresentações dos grupos, promover uma discussão em grupo sobre os exemplos de reações químicas estudados.
- Incentivar os alunos a fazer perguntas, compartilhar suas observações e relacionar os exemplos com os conceitos aprendidos na pré-aula.
- Utilizar recursos visuais, como *slides* ou imagens, para auxiliar na explicação e na visualização dos processos químicos.

4. Atividade prática (opcional)
- Se houver tempo disponível, propor uma atividade prática relacionada às reações químicas, como a realização de uma experiência simples em laboratório ou a observação de uma demonstração.
- Os alunos poderão vivenciar na prática os conceitos aprendidos e reforçar sua compreensão sobre as reações químicas.

5. Encerramento
- Fazer um resumo dos principais pontos discutidos durante a aula, reforçando os conceitos de reações químicas.

- Concluir a aula destacando a importância de compreender e pôr em prática esses conceitos no cotidiano, ressaltando as aplicações práticas das reações químicas.
- Disponibilizar espaço para que os alunos possam fazer perguntas finais ou compartilhar suas reflexões sobre o tema.

O roteiro deve ser adaptado de acordo com a plataforma escolhida e os materiais disponíveis. O objetivo é proporcionar aos alunos uma experiência de aprendizagem ativa, promovendo a utilização da sala de aula invertida como estratégia para explorar os conceitos de reações químicas e propiciar a participação ativa dos estudantes.

2.4 *Blended learning*

Alguns pesquisadores consideram que *blended learning* é sinônimo de *ensino híbrido*. Outros entendem que é uma modalidade que apenas une as características de duas diferentes formas de ensino (presencial e a distância), sem que necessariamente aconteça uma forma colaborativa de ensino, como ocorre no ensino híbrido. Contudo, ao observarmos as características apresentadas pelos autores que utilizam o termo *blended learning*, percebemos muitas aproximações com as descrições do ensino híbrido, o que nos faz compreender que os termos podem ser considerados sinônimos.

De forma resumida, podemos afirmar que o termo significa "misturado, mesclado" e que sua prática se refere a atividades em salas presenciais e não presenciais.

A modalidade *blended learning* ou *b-learning* condiz com a integração de abordagens tradicionais presenciais apoiadas pelos serviços disponíveis na internet (Cortelazzo, 2013).

Trindade (2001, p. 62) explica que *blended learning*

> é a combinatória do modo de aprendizagem presencial, característico dos sistemas de ensino e formação convencionais, com modo de aprendizagem a distância. […] a combinação das duas metodologias contribuirá para a renovação dos métodos e práticas pedagógicas, tornando-os mais ajustados à evolução tecnológica do nosso tempo.

Rodrigues (2010, p. 9) expõe a visão de Chaves Filho et al. (2006) sobre *blended learning*: "é um conceito de educação que tem como característica a utilização de soluções mistas, utilizando uma variedade de métodos de aprendizagem que ajudam a acelerar o aprendizado, garantem a colaboração entre os participantes e permitem gerar e trocar conhecimentos". Corroborando essa ideia, Filipe e Orvalho (2004) alegam que o *blended learning* é uma estratégia de aprendizagem que adéqua o ensino às novas exigências da sociedade e à gestão do conhecimento.

Nessa metodologia, os estudantes podem se engajar na busca de informações e saberes, portanto na aprendizagem de conteúdos curriculares, a partir de uma perspectiva mais personalizada de estratégias e materiais de estudo.

Nesse contexto, Spinardi e Both (2018, p. 6) apontam que

> Essa metodologia permite que os alunos se tornem sujeitos da própria aprendizagem, pois são eles que definem onde, como, quando estudar e realizar as atividades *on-line*, aproveitando de forma mais eficaz tanto os momentos virtuais quanto os presenciais com atividades práticas.

Moraes et al. (2019, p. 274) evidenciam que

> No *Blended Learning* ou Ensino Híbrido alterna-se momentos [sic] em que o aluno estuda sozinho no Ambiente Virtual de Aprendizagem e em grupo, interagindo com seus colegas e professores. Com isso temos uma integração entre atividades tradicionais em sala de aula com atividades online no AVA com a ressalva que o aluno controla seu lugar, tempo e ritmo de sua aprendizagem.

Essa abordagem tem ganhado destaque na educação, incluindo o ensino de Química, em virtude de suas possíveis contribuições para aprimorar a aprendizagem dos alunos nessa disciplina. Uma das principais vantagens do *blended learning* na disciplina de Química é a possibilidade de oferecer aos alunos uma experiência mais dinâmica e interativa. Ao combinar aulas presenciais com o uso de recursos digitais, como vídeos explicativos, simulações virtuais e plataformas de aprendizagem *on-line*, os estudantes têm a oportunidade de explorar conceitos e experimentar situações de forma mais prática e visual. Isso pode tornar o aprendizado mais envolvente e interessante, despertando a curiosidade e motivando os alunos a se aprofundarem no assunto.

Além disso, o *blended learning* permite que os alunos tenham acesso a um maior volume de informações e recursos. Por meio da internet, eles podem explorar conteúdos adicionais, como artigos científicos, vídeos de experimentos, jogos educativos e exercícios interativos. Essa ampla gama de recursos disponíveis colabora para a construção de um conhecimento mais abrangente e atualizado sobre os temas estudados em Química.

Outro benefício do *blended learning* é a flexibilidade que oferece aos alunos. Com a combinação de aulas presenciais e atividades *on-line*, os estudantes têm a possibilidade de estudar em seu próprio ritmo, revisando conteúdos quando necessário e avançando para novos tópicos quando se sentem preparados. Isso permite uma personalização do aprendizado, atendendo às diferentes necessidades e ao ritmo de cada aluno.

Ademais, o *blended learning* promove a interação e a colaboração entre os alunos. Por meio de plataformas *on-line*, eles podem compartilhar dúvidas, discutir conceitos, realizar projetos em grupo e participar de fóruns de discussão. Essa interação entre pares fortalece o processo de aprendizagem, possibilitando que os alunos se beneficiem do conhecimento e das perspectivas uns dos outros.

Por fim, o *blended learning* também contribui para o desenvolvimento de habilidades tecnológicas e de autogestão nos alunos. Ao utilizarem recursos digitais, eles aprendem a navegar na internet, pesquisar informações relevantes, utilizar ferramentas de produtividade e se organizar para o estudo autônomo. Essas habilidades são fundamentais no mundo atual, em que a tecnologia desempenha um papel cada vez mais importante em todas as áreas da vida.

Em resumo, a metodologia *blended learning* apresenta diversas contribuições para o ensino de Química. Ao combinar o ensino presencial com o uso de recursos digitais, ela proporciona uma aprendizagem mais dinâmica, amplia o acesso a informações e a recursos, promove a interação entre os alunos e desenvolve habilidades tecnológicas e de autogestão. Essas vantagens tornam o *blended learning* uma abordagem promissora para melhorar a qualidade do ensino de Química e preparar os alunos para os desafios do século XXI.

2.5 *E-learning*

Atualmente, não existe uma definição consensual na literatura para o termo *e-learning*, mas sabemos que "a discussão sobre as concepções e práticas de e-Learning promove-se num espaço de interseção de dimensões como: educação, pedagogia, aprendizagem, ensino, comunicação, tecnologia" (Aires, 2016, p. 255).

De forma geral, o termo tem origem na língua inglesa e significa "aprendizagem eletrônica". Assumindo essa tradução, Leal e Amaral (2004, p. 4) assim definem *e-learning*:

> O processo pelo qual, [sic] o aluno aprende através de conteúdos colocados no computador e/ou Internet e em que o professor, se existir, está à distância utilizando a Internet como meio de comunicação (síncrono ou assíncrono), podendo existir sessões presenciais intermédias.

Nessa direção, Sangrà, Vlachopoulos e Cabrera (2014) atestam que *e-learning* é uma modalidade de ensino e de aprendizagem que utiliza meios e dispositivos eletrônicos visando facilitar o acesso à educação e a melhoria da qualidade desta e da formação do indivíduo.

No Brasil, a modalidade de ensino que utiliza o *e-learning* é a educação a distância (EaD). O Ministério da Educação (MEC) considera a EaD como

> a modalidade educacional na qual alunos e professores estão separados, física ou temporalmente e, por isso, faz-se necessária a utilização de meios e tecnologias de informação e comunicação. Essa modalidade é regulada por uma legislação específica e pode ser implantada na educação básica (educação de jovens e adultos, educação profissional técnica de nível médio) e na educação superior. (Brasil, 2024b)

Assim, o *e-learning* caracteriza o aprender que ocorre mediante recursos digitais, possibilitando um aprendizado a distância por meio da interatividade, incluindo estratégias e métodos de aprendizagem (Aparicio; Bação; Oliveira, 2016). Nesses modelos de ensino, são utilizadas plataformas digitais específicas, que podem fazer uso do sistema *Learning Management System* (LMS) para prover e gerenciar o aprendizado. As plataformas LMS são sistemas digitais projetados para facilitar o gerenciamento, a entrega e o monitoramento de cursos *on-line* e atividades de aprendizagem. Essas plataformas oferecem recursos que incluem a criação de conteúdo, a administração de usuários, a realização de avaliações e o acompanhamento do progresso dos alunos. Exemplos populares de plataformas LMS incluem Moodle (Moodle, 2024) e Blackboard (Blackboard Learn, 2024). Esse tipo de plataforma é comumente chamado de *ambiente virtual de aprendizagem* (AVA). Nesse espaço, pode haver a oferta de fóruns de discussão, rotas de aprendizagem, materiais de estudo, *chats* (salas de conversa) em aulas, entre outros recursos para favorecer a aprendizagem do estudante.

Waha e Davis (2014) e Cidral et al. (2017) alegam que o *e-learning* propicia a personalização da aprendizagem e a diminuição de custos para isso, gerando conveniência, flexibilidade e independência para o estudante. Já o uso de tecnologias digitais no *e-learning* pode promover a colaboração entre os envolvidos, o desenvolvimento de habilidades para a aquisição de conhecimentos necessários à profissão/formação, além da construção da aprendizagem.

A metodologia *e-learning* tem se tornado cada vez mais relevante no campo da educação, incluindo o ensino de Química. Essa abordagem traz consigo uma série de contribuições significativas para aprimorar a aprendizagem dos alunos nessa disciplina, relacionadas principalmente à flexibilidade.

Outro benefício do *e-learning* é a possibilidade de integração de ferramentas de avaliação. Por meio de questionários *on-line*, exercícios interativos e testes, os alunos podem receber um *feedback* (retorno) imediato sobre seu desempenho, identificar suas lacunas de conhecimento e direcionar seus estudos para áreas que precisam de mais atenção. Isso auxilia o processo de autoavaliação e melhoria contínua.

Indicações culturais

Para mais informações sobre o ensino híbrido, recomendamos o vídeo a seguir, em que Lilian Bacich fala sobre esse tema.

TV CPP. **Lilian Bacich fala sobre ensino híbrido**. 4 nov. 2016. Disponível em: <https://youtu.be/VFk_EFMWv10>. Acesso em: 4 jan. 2023.

Sugerimos a leitura do texto informativo indicado a seguir, que trata do *e-learning*.

O QUE É e-learning, como funciona e dicas de utilização! **Hotmart**, 23 out. 2022. Disponível em: <https://blog.hotmart.com/pt-br/e-learning>. Acesso em: 4 jan. 2022.

Síntese

Ao longo deste capítulo, exploramos as metodologias híbridas e a sala de aula invertida como abordagens inovadoras no ensino de Química, explicitando suas contribuições para a aprendizagem dos alunos. As metodologias híbridas combinam elementos presenciais e recursos digitais e proporcionam uma experiência dinâmica e interativa por meio de vídeos explicativos, simulações virtuais e plataformas *on-line*, estimulando o envolvimento e o aprofundamento na disciplina. A sala de aula invertida, por sua vez, amplia o acesso a uma variedade de recursos *on-line*, como artigos científicos e exercícios interativos.

Essas abordagens também promovem a interação e a colaboração entre os alunos, por meio de fóruns de discussão, *chats* e projetos em grupo, fortalecendo o processo de aprendizagem por meio do compartilhamento de conhecimentos e perspectivas. Além disso, oferecem flexibilidade aos estudantes para adaptar seus estudos conforme suas necessidades e disponibilidade, personalizando o aprendizado de acordo com seus ritmos individuais.

Outro aspecto relevante é o desenvolvimento de habilidades tecnológicas e de autogestão, essenciais no mundo atual. Os alunos aprendem a utilizar recursos digitais para navegar na internet, pesquisar informações relevantes e organizar seu estudo de forma autônoma. Essas competências são fundamentais para prepará-los para os desafios contemporâneos.

Atividades de autoavaliação

1. O que é ensino híbrido, de acordo com o texto?
   a) Um modelo de ensino exclusivamente *on-line*.
   b) Uma abordagem de ensino que combina práticas presenciais e *on-line*.
   c) Uma metodologia que utiliza apenas tecnologias digitais para o ensino.
   d) Um programa de educação que não requer a presença física do aluno.
   e) Um modelo de ensino que não exige a participação ativa do estudante.

2. Quais são os principais objetivos do ensino híbrido, de acordo com o texto?
   a) Incentivar a autonomia estudantil e a aprendizagem colaborativa.
   b) Substituir o ensino presencial pelo ensino *on-line*.
   c) Priorizar o ensino exclusivamente *on-line*.
   d) Centralizar o ensino apenas nas mãos do professor.
   e) Exigir que o estudante progrida no aprendizado por conta própria.

3. O que caracteriza a sala de aula invertida?
   a) Os estudantes assistem às aulas *on-line* e realizam atividades em sala de aula.
   b) Os estudantes assistem às aulas presenciais e realizam atividades *on-line*.
   c) Os estudantes estudam o conteúdo *on-line* antes de ir para a sala de aula e realizam atividades diferenciadas em sala.
   d) Os estudantes estudam o conteúdo em casa e realizam atividades *on-line* sem a presença do professor.
   e) Os estudantes assistem às aulas *on-line* e realizam atividades *on-line*.

4. Qual é o papel do professor na sala de aula invertida?
   a) Apresentar o conteúdo em sala de aula.
   b) Mediar o processo de aprendizagem, guiando discussões e reflexões e esclarecendo dúvidas dos estudantes.
   c) Substituir as aulas presenciais por vídeos *on-line*.
   d) Fornecer assistência aos estudantes durante as aulas *on-line*.
   e) Realizar atividades práticas em laboratórios virtuais.

5. O que caracteriza o *blended learning*?
   a) A união de características do ensino presencial e do ensino a distância, sem necessariamente ocorrer uma forma colaborativa de ensino.
   b) A utilização exclusiva de recursos digitais no ensino, sem aulas presenciais.
   c) A combinação de aulas presenciais com o uso de recursos digitais, como vídeos explicativos e plataformas *on-line*.
   d) A substituição completa das aulas presenciais por atividades *on-line*.
   e) A utilização de estratégias de ensino baseadas apenas em recursos tradicionais, sem incorporar tecnologias.

6. Quais são as possíveis contribuições do *blended learning* para o ensino de Química?
   a) Maior interação e colaboração entre os alunos.
   b) Ampliação do acesso a informações e recursos.
   c) Desenvolvimento de habilidades tecnológicas e de autogestão.
   d) Aprendizagem mais dinâmica e envolvente.
   e) Todas as alternativas anteriores estão corretas.

7. Qual é a definição de *e-learning* de acordo com Leal e Amaral (2004)?
   a) O processo pelo qual o aluno aprende presencialmente, utilizando computador e/ou internet como meio de comunicação.
   b) O processo pelo qual o aluno aprende a distância, utilizando conteúdos disponibilizados no computador e/ou internet.

c) O processo pelo qual o aluno aprende exclusivamente por meio de sessões presenciais, com o professor presente.
d) O processo pelo qual o aluno aprende utilizando recursos digitais, sem a necessidade de um professor.
e) O processo pelo qual o aluno aprende por meio de aulas presenciais, sem o uso de tecnologias digitais.

Atividades de aprendizagem

Questões para reflexão

1. A sala de aula invertida é um modelo de ensino que tem ganhado destaque na educação, inclusive no ensino de Química. Tendo isso em vista, discorra sobre as principais características desse modelo e a forma como ele pode ser aplicado no ensino de Química, considerando a realidade brasileira. Além disso, reflita sobre os benefícios e desafios que podem surgir com a adoção da sala de aula invertida nesse contexto.

2. Os modelos híbridos de ensino, que combinam atividades presenciais e *on-line*, têm se mostrado promissores na educação, especialmente no ensino de Química. Levando em consideração as características da disciplina e a realidade brasileira, discuta como um modelo híbrido de ensino poderia ser estruturado para o ensino de Química no contexto brasileiro. Analise também os possíveis benefícios e desafios que surgem com a adoção de um modelo híbrido de ensino

nessa disciplina, considerando aspectos como acesso à tecnologia, formação de professores e engajamento de alunos.

Atividade aplicada: prática

Atividade prática: "Explorando a sala de aula invertida no ensino de Química"

Objetivo: Compreender e aplicar os princípios da sala de aula invertida no ensino de Química, utilizando recursos digitais e promovendo a autonomia do estudante.

- Passo 1 – Pesquisa prévia – Realize uma pesquisa sobre o conceito e os princípios da sala de aula invertida no ensino de Química. Busque exemplos de como essa abordagem tem sido aplicada em diferentes contextos educacionais.
- Passo 2 – Preparação do conteúdo – Escolha um tópico específico de Química e desenvolva um material de estudo complementar (como um resumo, um mapa conceitual ou exercícios) que apresente os conceitos fundamentais sobre o tema de forma clara e objetiva. Certifique-se de que o material seja acessível e compreensível para você.
- Passo 3 – Disponibilização do material – Disponibilize o material de estudo complementar em uma plataforma *on-line*, como um blogue, *site* ou AVA, para que você possa acessá-lo.
- Passo 4 – Análise e reflexão – Depois de analisar o material de estudo complementar, faça uma reflexão pessoal sobre o conteúdo apresentado. Anote suas principais dúvidas, questionamentos e *insights* (percepções) relacionados ao tema.
- Passo 5 – Produção de atividades complementares – Com base na reflexão realizada, desenvolva atividades

complementares, como resumos, exercícios de fixação, experimentos práticos ou apresentações, que explorem e aprofundem os conceitos abordados no material de estudo complementar.

- Passo 6 – Autoavaliação – Realize uma autoavaliação sobre o seu desempenho nas atividades complementares desenvolvidas. Identifique pontos fortes, desafios e possíveis melhorias para a aplicação da sala de aula invertida no ensino de Química em seu aprendizado.
- Passo 7 – Reflexão final – Finalize a atividade com uma reflexão sobre a experiência da sala de aula invertida no ensino de Química, considerando os benefícios e desafios encontrados durante o processo. Discuta possíveis estratégias para aprimorar a aplicação desse modelo em seu estudo individual.

Capítulo 3

Jogos e gamificação no ensino de Química

Flavia Sucheck Mateus da Rocha

No ensino de Química, a busca por estratégias que promovam o protagonismo estudantil, a interdisciplinaridade e a contextualização tem se tornado cada vez mais relevante. Neste capítulo, exploraremos duas metodologias ativas que têm se destacado nesse contexto: a gamificação e os jogos. Ao utilizarem essas abordagens, os professores podem transformar o processo de aprendizagem em uma experiência envolvente, motivadora e significativa para os estudantes.

A gamificação é uma técnica que utiliza elementos e mecânicas de jogos em ambientes não lúdicos, como a sala de aula. Ao introduzir elementos como desafios, recompensas, *ranking* (classificação) e narrativas, a gamificação estimula o engajamento dos estudantes, tornando o aprendizado mais dinâmico e divertido. Neste capítulo, examinaremos o conceito de gamificação e discutiremos como construir ambientes gamificados que favoreçam a aprendizagem de Química.

Além disso, abordaremos o papel das tecnologias digitais na criação de ambientes gamificados. Com o avanço da tecnologia, surgiram diversas ferramentas e plataformas que permitem a criação de jogos e ambientes virtuais interativos. Veremos como essas tecnologias podem ser utilizadas de forma efetiva no ensino de Química, proporcionando experiências imersivas e promovendo a construção de conhecimento de maneira lúdica.

No contexto dos jogos, consideraremos tanto os jogos digitais específicos para o ensino de Química quanto os jogos de tabuleiro e de cartas adaptados para essa disciplina. Por meio dessas abordagens, os estudantes podem vivenciar situações desafiadoras, resolver problemas e aplicar os conceitos químicos de forma prática e contextualizada. Discutiremos como selecionar e utilizar esses jogos de modo adequado, tendo em vista os objetivos de ensino e as características da turma.

Ao longo deste capítulo, contemplaremos os seguintes temas:

- conceito de gamificação e sua aplicação no ensino de Química;
- construção de ambientes gamificados, considerando elementos como desafios, recompensas e narrativas;
- emprego de tecnologias digitais na criação de ambientes gamificados;
- jogos digitais específicos para o ensino de Química;
- jogos de tabuleiro e de cartas adaptados para a disciplina.

Por meio da exploração desses temas, buscamos fornecer ao leitor uma visão abrangente sobre as possibilidades e os benefícios da aplicação de jogos e da gamificação no ensino. Acreditamos que essa abordagem pode despertar o interesse dos estudantes, estimular a participação ativa e facilitar a compreensão dos conceitos químicos.

Portanto, convidamos você a mergulhar neste capítulo e a descobrir como os jogos e a gamificação podem contribuir com o ensino de Química. Esperamos que as informações aqui apresentadas o inspirem a aplicar essas metodologias ativas em práticas pedagógicas, promovendo uma educação inovadora e transformadora.

3.1 Gamificação

Uma das metodologias ativas que se destacam no ensino de Química é a gamificação. Você já ouviu falar sobre isso? Embora o termo pareça estar relacionado a jogos, a gamificação vai além disso. Trata-se de um processo que utiliza elementos de jogos para criar situações ou roteiros de aula, como planos de aula ou sequências didáticas. Essas atividades não são necessariamente jogos, mas se baseiam em suas estruturas.

Desse modo, a gamificação corresponde a

> um sistema utilizado para a resolução de problemas através da elevação e manutenção dos níveis de engajamento por meio de estímulos à motivação intrínseca do indivíduo. Utiliza cenários lúdicos para simulação e exploração de fenômenos, com objetivos extrínsecos, apoiados em elementos utilizados e criados em jogos. (Busarello, 2016, p. 18)

A gamificação permite que o professor crie um ambiente motivacional, elaborando um roteiro de estudos que envolva elementos como níveis, pontuação, placar e premiação. Além disso, é possível incorporar características presentes em jogos, como avatares, histórias, desafios e recompensas. Por exemplo, o professor de Química pode criar uma narrativa com personagens para abordar certo conteúdo, envolvendo os estudantes na história e oferecendo a possibilidade de eles ganharem medalhas, subirem de nível e explorarem outras oportunidades.

Podemos perceber, então, que

> gamificação se refere ao conjunto de estratégias organizacionais que transformam um ambiente real e seus objetivos, a partir

> dos conceitos e mecanismos de jogos, para a resolução de problemáticas ou desenvolvimento de certos conteúdos em grupos, ou de forma individualizada, carregando consigo elementos de engajamento lúdico do público-alvo. (Montanaro, 2018, p. 2)

Outra atividade inovadora que tem sido amplamente utilizada por professores, inclusive no ensino de Química, é a criação de salas de escape (*escape rooms*). Essa ideia surgiu inicialmente em jogos de *videogames* e posteriormente se expandiu para aplicativos de *smartphones*. Com o sucesso dos ambientes digitais, surgiram também espaços físicos totalmente imersivos. Nesses espaços, os participantes são trancados em uma sala e têm um tempo determinado para resolver um enigma e sair do ambiente. Esse enigma pode envolver provas, desafios, jogos de adivinhação, raciocínio lógico, quebra-cabeças, busca por objetos e outras atividades que exigem a participação coletiva na resolução de problemas.

É possível que os professores criem ambientes semelhantes nas escolas, despertando o interesse dos estudantes e proporcionando de experiências de imersão. Para isso, é necessário exercitar a criatividade na elaboração de enigmas que possam ser desenvolvidos com base em diferentes conteúdos. Dessa forma, o professor de Química pode elaborar atividades gamificadas que sejam interessantes para os alunos e instiguem sua participação ativa.

Para que o professor de Química possa desenvolver atividades gamificadas de maneira eficiente, é importante que ele conheça os elementos que devem ser incorporados. Na próxima seção, exploraremos alguns desses elementos e sua aplicação prática no ensino de Química.

3.2 Construção de ambientes gamificados

A construção de ambientes gamificados no ensino de Química oferece uma abordagem inovadora e motivadora para os estudantes. Esses ambientes vão além do uso de recursos tecnológicos, podendo ser criados com a utilização de materiais concretos, como lápis e papel.

De acordo com o Grupo de Pesquisa em Inovação e Tecnologias na Educação (GPINTEDUC), da Universidade Tecnológica Federal do Paraná (UTFPR),

> A gamificação, em contexto educacional, é uma metodologia que utiliza elementos de design de jogos ancorados em mecânicas, dinâmicas e componentes. A combinação dessas três categorias implica em uma estratégia gamificada, podendo oportunizar o engajamento e a aprendizagem em contexto de não jogo, não implicando necessariamente na utilização de tecnologias digitais. (GPINTEDUC, 2024)

Portanto, para que seja possível propor a gamificação, o professor precisa desenvolver uma estratégia gamificada, considerando a inserção de mecânicas, dinâmicas e componentes que tornarão a experiência mais envolvente e desafiadora.

Quando falamos em *games*, é importante compreender os termos relacionados a esses elementos. Werbach e Hunter (2012) explicam que a **dinâmica** é o elemento mais crucial na gamificação, pois representa a própria experiência do indivíduo com a atividade. As dinâmicas a serem incorporadas envolvem a progressão, a narrativa, os relacionamentos, as restrições e as emoções, criando um ambiente imersivo e cativante.

Além disso, os autores destacam a importância da **mecânica** no processo gamificado. Ela engloba os elementos que possibilitam ações do indivíduo, como *feedback*, chances, desafios, aquisição de recursos, avaliação, cooperação, competição, recompensas, transações, turnos e vitória. Essas mecânicas são responsáveis por impulsionar a participação ativa dos estudantes e estimular seu progresso na aprendizagem.

Os **componentes**, conforme apontado por Werbach e Hunter (2012), são os elementos que integram as mecânicas e as dinâmicas. Eles correspondem aos elementos presentes na atividade gamificada, como personagens ou avatares, bens, chefes, coleções, conteúdos desbloqueáveis, combates, medalhas, emblemas, gráficos, *ranking* e times. Esses componentes contribuem para a imersão dos estudantes na atividade, tornando-a mais envolvente e estimulante.

Além de compreender os elementos que devem compor uma atividade gamificada, convém considerar algumas dicas fornecidas por Werbach e Hunter (2012) para a criação de um ambiente gamificado eficaz. Essas dicas incluem definir objetivos claros, prever as ações dos usuários, traçar o perfil dos jogadores, propor ciclos de atividades, escolher elementos que proporcionem diversão e selecionar ferramentas apropriadas.

Figura 3.1 – Esquema para a construção de um ambiente gamificado

CONSTRUÇÃO DE UM AMBIENTE GAMIFICADO

01 Definir objetivos — 02 Prever as ações do usuário — 03 Traçar o perfil dos jogadores — 04 Propor ciclos de atividades — 05 Escolher elementos que propiciem diversão — 06 Selecionar ferramentas apropriadas

Fonte: Elaborado com base em Werbach; Hunter, 2012.

Dessa forma, o professor pode construir uma atividade gamificada no ensino de Química seguindo alguns passos essenciais. Primeiramente, é necessário escolher o recurso, manual ou tecnológico, que melhor se adéque à proposta. Em seguida, o professor deve criar um roteiro ou um enigma que guiará os estudantes durante a atividade. A seleção cuidadosa de atividades, personagens e figuras/áudios e a programação adequada são etapas fundamentais para garantir o sucesso da atividade gamificada.

Ao adotarem a gamificação no ensino de Química, os professores podem proporcionar aos estudantes uma experiência de aprendizagem mais dinâmica, desafiadora e envolvente. Por meio da construção de ambientes gamificados, que incorporam elementos como desafios, recompensas e narrativas, é possível despertar o interesse e a motivação dos alunos, promovendo uma aprendizagem significativa e duradoura.

3.3 Utilização de tecnologias digitais na criação de ambientes gamificados

Quando consideramos recursos de aprendizagem relacionados a tecnologias digitais, podemos mencionar os objetos de aprendizagem (OAs), que são direcionados a um conteúdo específico e se destacam pela interatividade. Ao pensar em objetos de aprendizagem gamificados (OAGs), é importante que as características da gamificação sejam incorporadas aos conceitos de OA, conforme destacam Alves e Teixeira (2014). Os autores explicam que "os objetos de aprendizagem gamificados devem ter, além das prerrogativas intrínsecas aos objetos de aprendizagem, as características dos jogos e devem integrar os itens citados" (Alves; Teixeira, 2014, p. 135). Na mesma perspectiva, Pereira e Santos (2014, p. 40) afirmam:

> No campo educacional objetos *gamificados* seriam utilizados como objetos de aprendizagem estruturados que adotam algumas de suas características. Para isso, se faz necessário reorganizar o *design* destes objetos, seguindo alguns padrões e conceitos dos jogos assim como várias diretrizes para desenvolvimento das atividades sob esta perspectiva.

Portanto, os OAGs apresentam características dos OAs, como interatividade e foco em determinado conteúdo, aliadas a elementos de gamificação, como narrativa, personagens e recompensas.

Para elaborar OAGs, é possível adaptar a metodologia de planejamento, elaboração e disponibilização de OAGs (MPEDUC – metodologia de produção educacional) proposta por Motta e Kalinke (2019). Segundo os pesquisadores, o professor deve seguir algumas etapas para construir um OA. Primeiramente, é necessário realizar um planejamento que inclua um documento com informações gerais, um mapa conceitual sobre o conteúdo abordado, um roteiro de elaboração do OA, um mapa de cenário e um mapa navegacional.

Na segunda fase descrita por Motta e Kalinke (2019), o professor deve utilizar um *software* ou plataforma para criar o OAG. Durante a criação, é fundamental elaborar um guia do professor que seja um recurso didático digital para orientar outros professores a respeito de todas as potencialidades do OAG criado.

Após a criação, Motta e Kalinke (2019) recomendam a fase de validação, que visa identificar se os objetivos educacionais do OAG podem ser alcançados. Nessa etapa, é indicado realizar um teste com um grupo experimental para verificar a eficácia do OAG.

Por fim, recomenda-se que o OAG seja disponibilizado em um repositório gratuito, para que possa ser explorado por professores e estudantes.

Atualmente, com os avanços tecnológicos, diversas plataformas estão disponíveis para auxiliar na criação de ambientes gamificados no ensino de Química. Algumas das tecnologias digitais que podem ser utilizadas para a criação de OAGs são as seguintes:

- Kahoot! (2024) – Permite que o professor desenvolva jogos de perguntas e respostas com placar, de forma gratuita. Os estudantes podem acessar o jogo pelo *smartphone* ou pelo computador, tanto presencialmente em sala de aula quanto como tarefa programada.
- Genially (2024) – Possibilita a criação de conteúdos interativos, oferecendo *templates* (modelos) para a elaboração de jogos, animações, infográficos, catálogos e outros recursos digitais, incluindo a possibilidade de criar roteiros gamificados.
- ThingLink (2024) – É direcionado para a criação de imagens ou vídeos interativos, permitindo ao usuário atribuir zonas de interatividade em uma imagem ou vídeo.
- Quizizz (2024) – Semelhante ao Kahoot!, essa plataforma possibilita criar jogos de perguntas e respostas interativos. Os estudantes podem participar do jogo usando seus dispositivos móveis e competir com os colegas.
- Classcraft (2024) – É uma plataforma que combina elementos de jogos de RPG com a sala de aula. Os estudantes criam personagens, ganham pontos e desbloqueiam habilidades à medida que completam tarefas acadêmicas.
- Edpuzzle (2024) – Essa ferramenta permite aos professores criar vídeos interativos, adicionando perguntas, comentários e notas a esses vídeos. Os estudantes podem responder às perguntas durante a reprodução do vídeo, o que os mantém engajados e ajuda na compreensão do conteúdo.

- Socrative (2024) – É uma plataforma destinada à criação de questionários, avaliações e jogos interativos. Os estudantes podem participar do jogo usando seus dispositivos móveis, e os resultados podem ser rastreados pelo professor em tempo real.
- Minecraft (2024) – É um jogo popular de construção e exploração que pode ser usado como uma ferramenta educacional. Os professores podem criar mundos virtuais nos quais os estudantes possam aprender e aplicar conceitos de forma interativa e colaborativa.

A utilização de tecnologias digitais na criação de ambientes gamificados no ensino de Química proporciona uma experiência de aprendizagem mais dinâmica e envolvente para os estudantes. Por meio da criação de OAGs, que incorporam elementos como narrativa, personagens e recompensas, é possível despertar o interesse e a motivação dos alunos, de modo a promover uma aprendizagem que seja mais significativa e duradoura.

3.4 Jogos digitais no ensino de Química

Os jogos digitais, em muitos casos, podem ser considerados sinônimos de *games*. Nesta seção, vamos considerar que os jogos digitais se referem aos jogos educacionais digitais e os *games*, aos jogos digitais que são usados como entretenimento, especialmente por adolescentes e jovens. Um jogo é educacional quando foi elaborado diretamente para ser utilizado no contexto de sala de aula.

Os jogos digitais têm se mostrado uma ferramenta promissora para o ensino de Química, proporcionando uma abordagem lúdica e engajadora que pode auxiliar no processo de aprendizagem dos estudantes. Enquanto os *games* são geralmente associados ao entretenimento, os jogos educacionais digitais são desenvolvidos especificamente para serem usados em sala de aula, com o objetivo de promover a aprendizagem de conceitos e habilidades químicas.

Os jogos digitais fazem parte da realidade dos estudantes e podem ser utilizados como recursos pedagógicos, com vistas a possibilitar mudanças de pensamento, de conhecimento e de formação profissional (Prensky, 2001).

Arruda (2009, p. 70) considera os "jogos digitais como todos aqueles que podem ser jogados por intermédio de estruturas programadas baseadas em códigos binários em suporte computacional". Esses códigos possibilitam a ludicidade e a brincadeira, que fazem parte da vida de crianças e adolescentes. Nesse sentido,

> É comum que sejam utilizadas brincadeiras nas séries iniciais do Ensino Fundamental, mas os jogos podem ser explorados nas séries finais e também no Ensino Médio. Em toda faixa etária é possível usar jogos que incentivem a participação do aluno, que os desafiem e os coloquem em atividade de aprendizagem. (Rocha; Kalinke, 2021, p. 140)

De acordo com Vieira (2020, p. 2), "em contextos de ensino fundamentado em práticas lúdicas, os jogos didáticos podem desempenhar um importante papel como mediadores do processo de construção do conhecimento e dos conceitos científicos".

Assim, os jogos digitais são boas estratégias a serem utilizadas pelos professores de Química justamente por apresentarem a característica da ludicidade.

> Nos últimos anos, a prática e a reflexão sobre o uso do lúdico no ensino de Ciências vêm ganhando mais espaço no contexto da Educação Básica brasileira. O lúdico apresenta dois elementos que o caracterizam: o prazer e o esforço espontâneo, além de integrarem as várias dimensões do estudante, como a afetividade, o trabalho em grupo e as relações com regras predefinidas. (Vieira, 2020, p. 2)

É importante ressaltar que a ludicidade não deve ser o principal objetivo do professor de Química, ao propor estratégias com o uso de jogos digitais em suas aulas. Com efeito, o jogo deve ter também a característica de favorecer a aprendizagem:

> O professor que deseja utilizar jogos nas suas aulas muitas vezes se preocupa não apenas com a escolha do melhor tipo de jogo de acordo com seu objetivo, mas também com o comportamento dos seus estudantes durante as atividades. É importante que o profissional saiba que sua ação é fundamental para que o jogo possa cumprir com o objetivo principal do professor: o ensino de um determinado conceito. (Rocha; Kalinke, 2021, p. 143)

Para aproveitar o jogo digital como um recurso pedagógico, o professor deve ter em mente que lidará com alguns desafios, como a competição:

competição é inevitável quando trabalhamos com jogos. Ela pode propiciar efeitos negativos ou positivos. Assim, a presença do professor e sua intervenção são fundamentais. Os estudantes, quando jogam contra o outro, jogam com o outro, num ambiente de cooperação e colaboração. [...] A competição promove dinamismo e movimento ao jogo, possibilitando que os estudantes permaneçam interessados e imersos na atividade. [...] Cabe ao professor estar atento para que nesse ambiente competitivo prevaleça o respeito e a aprendizagem. (Rocha; Kalinke, 2021, p. 144-145)

Além de lidar com a competição, o professor deve saber equilibrar a inserção de jogos em suas aulas:

Qualquer novidade em sala de aula normalmente gera entusiasmo nos estudantes. Mas, quando usados repetidas vezes, os jogos, ou outras metodologias diferenciadas, deixam de ser novidade e não necessariamente podem motivar ou gerar entusiasmo. Desse modo, qualquer metodologia, mesmo que tradicional, requer a intervenção docente para que possa ser significativa para os processos pedagógicos. (Rocha; Kalinke, 2021, p. 149)

Existem diversas opções de jogos digitais específicos para o ensino de Química, cada um com suas características e abordagens. Aqui estão algumas sugestões:

- ChemCaper (2024) – É um jogo de aventura que combina elementos de RPG (*Role-Playing Game* – jogo de interpretação de papéis) com conceitos de química. Os estudantes assumem o papel de personagens químicos e embarcam em uma jornada para salvar o mundo químico. Durante o

jogo, eles exploram diferentes conceitos químicos e resolvem quebra-cabeças relacionados à química.
- Elements Academy (2024) – É um jogo de quebra-cabeça que desafia os estudantes a organizar os elementos da tabela periódica de acordo com suas propriedades e características. Os estudantes podem aprender sobre as tendências periódicas e as relações entre os elementos enquanto resolvem os desafios do jogo.
- PhET Interactive Simulations (2024) – É uma coleção de simulações interativas desenvolvidas pela Universidade do Colorado. As simulações abrangem uma ampla gama de tópicos de química, permitindo que os estudantes explorem conceitos e fenômenos químicos de forma virtual. Por exemplo, eles podem realizar experimentos virtuais de equilíbrio químico, reações ácido-base e muito mais.
- Molecule World (2024) – É um jogo que possibilita aos estudantes explorar e manipular moléculas em um ambiente 3D (tridimensional). Eles podem construir diferentes moléculas, visualizar suas estruturas e entender o modo como as ligações químicas e as interações moleculares influenciam as propriedades das substâncias.

Além dessas sugestões, é importante destacar que muitos jogos digitais genéricos, como *quiz* (de perguntas), jogos de tabuleiro e quebra-cabeça, podem ser adaptados para abordar conceitos químicos específicos. O professor pode criar as próprias versões de jogos digitais, personalizando-os de acordo com os objetivos de aprendizagem e os conteúdos a serem abordados.

Ao utilizar jogos digitais específicos para o ensino de Química, é essencial que os professores considerem alguns aspectos importantes. Primeiramente, é necessário equilibrar a ludicidade com os objetivos de aprendizagem, garantindo que o jogo seja educativo e promova a compreensão dos conceitos químicos. Além disso, é fundamental que o professor avalie a compatibilidade dos jogos com as tecnologias disponíveis na escola, assegurando que os estudantes possam acessá-los sem problemas. É interessante envolver os estudantes no processo de seleção e planejamento dos jogos digitais, pois eles muitas vezes têm maior familiaridade com as tecnologias digitais.

3.5 *Games* e jogos manipuláveis

Alguns pesquisadores educacionais vêm mostrando que passar horas imersos em *games* não é tão prejudicial à saúde mental do jovem como o senso comum sugere. Os *games* podem desenvolver criatividade, pensamento lógico, criação de estratégias, facilidade de lidar com erros, entre outras possibilidades.

Segundo Kruger e Cruz (2001), por meio da tecnologia computacional, os *games* apresentam algumas características: possibilitam imersão e realidade, junção de som, imagem e texto, entre outras.

Nem todo *game* pode ser utilizado nos processos de ensino e aprendizagem. O professor que deseja explorar um *game* no contexto de suas aulas precisa analisar o conteúdo, para evitar contextos de violência ou cenários inapropriados.

Reis, Sucolotti e Malacarne (2021) mostram como um *game* chamado Stationeers, que é um jogo de simulação de sobrevivência espacial, pode contribuir para o ensino de Química. Na estação espacial, o jogador deve gerenciar pressão, mistura de gases, temperatura e combustão; ele fabrica e controla máquinas. Conforme os autores, o professor de Química pode aproveitar o contexto do *game* para abordar conteúdos em sala de aula.

> O jogo é uma atividade ou ocupação voluntária, exercida dentro de certos e determinados limites de tempo e de espaço, segundo regras livremente consentidas, mas absolutamente obrigatórias, dotado de um fim em si mesmo, acompanhado de um sentimento de tensão e de alegria e de uma consciência de ser diferente da vida cotidiana. (Huizinga, 1993, p. 33)

Johnson (2005) alega que a utilização de *games* pode influenciar a assimilação de informações e a memória visual, impactando o desenvolvimento cognitivo.

Por sua vez, Santaella (2004) argumenta que os *games* podem oportunizar ao estudante um ambiente em que ele queira estar e explorar, aprendendo mediante a proposta que lhe é apresentada.

Reis, Sucolotti e Malacarne (2021) explicam que os *serious games* são uma das ramificações da gamificação. Trata-se de

> jogos com competição mental, que se baseiam no entretenimento para melhorar o treinamento, educação, saúde e políticas públicas, promovendo o ensino centrado no usuário. São considerados também uma ferramenta com o intuito de promover o comprometimento entre os jogadores,

sob o contexto do auto reforço como elemento educativo e motivacional.

Os serious games estão presentes em várias áreas do conhecimento, porém, atualmente, a área que mais se destaca é a educação. Esses fazem com que os alunos vivenciem situações impossíveis ou até mesmo improváveis, que poderiam de alguma forma promover risco, mas de forma segura e interativa. O objetivo principal é verificar se o usuário conhece o assunto abordado e, também, como identificar e propor novas soluções. (Reis; Sucolotti; Malacarne, 2021, p. 4-5)

Os *games* podem ser utilizados em diferentes disciplinas. Entretanto, no campo das ciências, e especificamente no da química, é necessário fazer um alerta ao professor. Segundo Reis, Sucolotti e Malacarne (2021), há a presença de elementos fictícios nos *games*, fato que precisa ser sempre discutido pelo docente. No caso do *game* mencionado, referente à simulação espacial, há diferentes poderes alienígenas. Portanto, o professor deve reforçar que alguns elementos fazem parte da temática do *game*, mas não correspondem a situações científicas.

Além de jogos digitais, o uso de jogos manipuláveis pode ser interessante para atribuir autonomia aos estudantes em aulas de Química. Os jogos de tabuleiro e de cartas adaptados para a disciplina de Química são recursos pedagógicos que proporcionam uma abordagem lúdica e interativa para ensino e aprendizagem dos conceitos químicos. Esses jogos manipuláveis permitem que os estudantes explorem e apliquem os conhecimentos químicos de forma prática, estimulando o pensamento crítico, a resolução de problemas e a colaboração entre os participantes.

Veja alguns exemplos práticos de jogos de tabuleiro e de cartas adaptados para a disciplina de Química:

- Química em Jogo – É um jogo de tabuleiro que aborda conceitos fundamentais de química. Os jogadores respondem a perguntas e realizam desafios relacionados a diferentes temas, como átomos, moléculas, reações químicas e propriedades dos elementos. O objetivo do jogo é avançar no tabuleiro e acumular pontos.
- Chemistry Fluxx – É um jogo de cartas que envolve a criação de regras e de ações relacionadas à química. Cada jogador recebe cartas com diferentes elementos químicos e reações, e o propósito é combinar as cartas de forma estratégica para alcançar os objetivos do jogo.
- Química Elemental – É um jogo de tabuleiro que desafia os jogadores a construir compostos químicos a partir de elementos. Cada jogador recebe cartas com elementos químicos e deve combiná-las corretamente para formar compostos. O objetivo é acumular pontos ao formar compostos mais complexos.
- Cientistas do Futuro – É um jogo de cartas que aborda diferentes áreas da ciência, incluindo a química. Os jogadores devem responder a perguntas e resolver desafios relacionados a conceitos científicos, incluindo experimentos químicos e propriedades dos elementos.
- Química em Ação – É um jogo de tabuleiro que simula um laboratório químico. Os jogadores devem realizar experimentos, identificar substâncias, resolver problemas e responder a perguntas relacionadas à química. O objetivo é

obter o maior número de pontos ao executar as atividades corretamente.

Esses são apenas alguns exemplos de jogos de tabuleiro e de cartas adaptados para a disciplina de Química. Por meio dessas atividades lúdicas, os estudantes podem vivenciar a química de forma prática e divertida, consolidando o aprendizado dos conceitos e desenvolvendo habilidades essenciais para a área. Os jogos manipuláveis proporcionam um ambiente de aprendizagem dinâmico, promovendo o engajamento, a interação e o interesse dos estudantes pelo estudo da disciplina.

Síntese

Ao explorarmos o conceito de gamificação, vimos que sua aplicação no ensino de Química é uma estratégia promissora. Mediante a inserção de elementos como desafios, recompensas e narrativas, é possível criar ambientes gamificados que estimulam o engajamento e a motivação dos estudantes.

Por meio de aplicativos, plataformas *on-line* e *softwares* específicos, podem ser desenvolvidos jogos digitais que abordem conceitos químicos de maneira interativa e envolvente. Essas tecnologias oferecem recursos visuais, sonoros e interativos que ampliam as possibilidades de aprendizagem e proporcionam uma experiência imersiva aos estudantes.

Além dos jogos digitais, os jogos de tabuleiro e de cartas adaptados para a disciplina de Química também desempenham um papel importante no processo de ensino e aprendizagem. Esses jogos oferecem uma abordagem tangível e interativa para o estudo da Química, permitindo que os estudantes explorem conceitos como estrutura atômica, ligações químicas, reações químicas e propriedades dos elementos. Essas atividades lúdicas estimulam o pensamento crítico, a colaboração e a resolução de problemas, consolidando o aprendizado de forma prática e divertida.

No contexto contemporâneo, é fundamental refletir sobre o ensino de Química e buscar metodologias que sejam adequadas às necessidades e às características dos estudantes. A incorporação de jogos e da gamificação no ensino de Química oferece uma abordagem dinâmica e motivadora para os estudantes, permitindo que eles construam o próprio conhecimento de maneira ativa e significativa.

Atividades de autoavaliação

1. Qual é o objetivo principal da gamificação no ensino de Química?
   a) Entreter os estudantes durante as aulas.
   b) Substituir completamente o ensino tradicional.
   c) Engajar e motivar os estudantes na aprendizagem.
   d) Aumentar o tempo de aula dedicado aos jogos.
   e) Avaliar o desempenho dos estudantes de forma divertida.

2. Quais são alguns elementos comuns em ambientes gamificados?
   a) Desafios, recompensas e narrativas.
   b) Palestras, provas e trabalhos escritos.

c) *Slides*, vídeos e exercícios de fixação.
d) Debates, pesquisas e apresentações orais.
e) Simulações, experimentos e relatórios científicos.

3. Qual é uma das vantagens da utilização de tecnologias digitais na gamificação?
   a) Limitação de recursos visuais e interativos.
   b) Restrição de acesso aos estudantes.
   c) Dificuldade de adaptação aos conteúdos químicos.
   d) Ampliação das possibilidades de aprendizagem.
   e) Redução do engajamento e da motivação dos estudantes.

4. Jogos digitais específicos para o ensino de Química são projetados com base em:
   a) conteúdos e objetivos de aprendizagem da disciplina.
   b) temas gerais e abstratos, sem relação direta com a Química.
   c) conceitos complexos e avançados, inacessíveis aos estudantes.
   d) jogabilidade simples e superficial.
   e) elementos aleatórios e desconexos da disciplina.

5. Jogos de tabuleiro e de cartas adaptados para a disciplina de Química:
   a) são exclusivamente utilizados em atividades extracurriculares.
   b) não oferecem uma abordagem prática e divertida para o estudo da Química.
   c) estimulam o pensamento crítico, a colaboração e a resolução de problemas.

d) são incompatíveis com os objetivos de aprendizagem da disciplina.
e) não contribuem para o desenvolvimento de habilidades essenciais.

6. Como a gamificação e os jogos no ensino de Química podem contribuir para a formação dos estudantes?
    a) Desenvolvendo habilidades essenciais, como pensamento crítico e resolução de problemas.
    b) Limitando o engajamento dos estudantes durante as aulas.
    c) Substituindo a necessidade de estudo e dedicação individual.
    d) Reduzindo a interação e a colaboração entre os estudantes.
    e) Restringindo a aplicação prática dos conceitos químicos.

7. Qual é a primeira etapa da metodologia de planejamento, elaboração e disponibilização de objetos de aprendizagem gamificados (MPEDUC) proposta por Motta e Kalinke (2019) na criação de um objeto de aprendizagem gamificado (OAG)?
    a) Realizar um teste com um grupo experimental para verificar a eficácia do OAG.
    b) Criar um guia do professor para orientar outros professores na utilização do OAG.
    c) Disponibilizar o OAG em um repositório gratuito para acesso de professores e estudantes.
    d) Utilizar um *software* ou plataforma para criar o OAG.
    e) Elaborar um documento com informações gerais, mapa conceitual, roteiro de elaboração, mapa de cenário e mapa navegacional.

Atividades de aprendizagem

Questões para reflexão

1. Refletindo sobre este capítulo sobre jogos e gamificação no ensino de Química, discuta como a utilização dessas estratégias pode contribuir para a motivação dos estudantes e para a construção de um aprendizado mais significativo nessa disciplina. Apresente exemplos práticos e argumente sobre os benefícios e os desafios dessa abordagem.

2. Ao longo do capítulo, foram apresentados diversos exemplos de jogos e atividades gamificadas para o ensino de Química. Considerando essas propostas, reflita sobre como a gamificação pode auxiliar no desenvolvimento de habilidades e competências essenciais para os estudantes, como o pensamento crítico, a resolução de problemas e a colaboração. Comente também sobre a importância de uma abordagem pedagógica adequada para potencializar os benefícios dos jogos e da gamificação nesse contexto.

Lembre-se de que essas questões são discursivas e requerem argumentação e reflexão para serem respondidas.

Atividade aplicada: prática

1. Analise a criação de uma proposta gamificada para o ensino de Química

    Objetivo: Refletir sobre os conceitos apresentados no capítulo sobre jogos e gamificação no ensino de Química e criar uma proposta gamificada para uma aula ou tema específico da disciplina.

Passo 1 – Leitura e análise

- Leia atentamente este capítulo sobre jogos e gamificação no ensino de Química.
- Faça anotações sobre os conceitos, os exemplos e os benefícios apresentados no capítulo.
- Identifique um tópico ou um tema específico da disciplina de Química que você considere desafiador ou que poderia ser abordado de forma mais interessante.

Passo 2 – Reflexão e planejamento

- Reflita sobre o modo como a gamificação poderia ser aplicada nesse tema específico. Pense em elementos de jogos, recompensas, desafios e interações que poderiam ser utilizados para engajar os estudantes.
- Considere também como a gamificação pode contribuir para a aprendizagem de conceitos e habilidades relacionados ao tema escolhido.

Passo 3 – Criação da proposta gamificada

- Com base na reflexão e no planejamento realizados, crie uma proposta gamificada para a aula ou o tema escolhido. Descreva os elementos de jogos que serão utilizados, as regras, as recompensas e os desafios propostos.
- Explique como a gamificação auxiliará na aprendizagem dos conceitos e das habilidades envolvidos e como será

possível avaliar o progresso dos estudantes nessa abordagem gamificada.

Passo 4 – Reflexão final

- Depois de criar a proposta gamificada, reflita sobre os desafios e os benefícios que essa abordagem pode trazer para o ensino de Química.
- Pense também em possíveis ajustes ou adaptações que poderiam ser feitos em sua proposta, levando em consideração as características dos estudantes e o contexto de ensino.

Capítulo 4

Tecnologias digitais, realidade virtual e realidade aumentada

Flavia Sucheck Mateus da Rocha

Você conhece as tecnologias digitais que estão sendo utilizadas por professores inovadores no contexto do ensino de Química? O avanço da ciência e da tecnologia possibilita que se deem diferentes respostas para essa pergunta ao longo do tempo, uma vez que constantemente surgem inovações em aparelhos e processos tecnológicos.

No entanto, é importante destacar que, mais do que apenas memorizar nomes de *softwares* ou objetos de aprendizagem, o professor de Química precisa compreender como as tecnologias podem ser úteis para os processos de ensino e aprendizagem. Neste capítulo, analisaremos a economia dessas tecnologias, explorando os seguintes tópicos:

- *softwares*;
- simuladores;
- objetos de aprendizagem;
- aplicativos;
- realidade virtual e realidade aumentada.

Nosso objetivo é ajudar você, leitor, a identificar tecnologias digitais que podem ser utilizadas como recursos no ensino de Química na educação básica, além de examinar a potencialidade de recursos digitais específicos para essa disciplina.

Vale ressaltar que abordaremos esses tópicos de forma interdisciplinar, sempre colocando o estudante como protagonista do processo de aprendizagem. Nossas propostas estão alinhadas com as legislações vigentes, especialmente a Lei de Diretrizes e Bases da Educação Nacional (LDBEN) – Lei n. 9.394, de 20 de dezembro de 1996 (Brasil, 1996), que possibilitou o desenvolvimento da nova Base Nacional Comum Curricular (BNCC), homologada em 2018 (Brasil, 2018).

Embora seja comum afirmar que os professores são resistentes a mudanças, cabe enfatizar que muitos docentes têm se mostrado bastante inovadores no ensino de Química. Ao examinarmos pesquisas realizadas, principalmente no âmbito da pós-graduação, descritas em dissertações e teses, podemos observar que muitos professores estão desenvolvendo atividades diferenciadas nessa área.

Diversos estudos abordam o uso de simuladores, laboratórios e tecnologias variadas. Nas salas de aula contemporâneas, é comum encontrar diferentes recursos digitais, como simuladores, realidade aumentada e realidade virtual, objetos de aprendizagem, animações, jogos e aplicativos.

Essas possibilidades nos mostram que o ensino tradicional está sendo substituído por novas metodologias que colocam o estudante no centro do processo. Ao longo deste capítulo, refletiremos juntos sobre essa transformação.

4.1 *Softwares*

Os *softwares* não são recursos criados diretamente para a educação, embora possam ser educacionais. A palavra *software* é composta pelos termos do inglês *soft*, que significa "leve", e *ware*, que significa "produto" ou "artigo". É diferente, assim, de *hardware*, que se refere aos materiais físicos relacionados ao computador. Enquanto o *hardware* é utilizado para descrever os componentes físicos do computador, o *software* diz respeito aos programas computacionais. Um *software* pode ser considerado:

- um programa de computador;
- um serviço computacional para operar ações em sistemas de computadores;
- uma sequência de instruções a serem realizadas pelo computador.

Na área de química, é comum utilizar *softwares* específicos para diferentes finalidades. Por exemplo, é possível usar programas de simulação molecular para visualizar e analisar estruturas químicas complexas. Além disso, *softwares* de análise de dados, como planilhas eletrônicas, podem ser empregados para organizar e interpretar informações experimentais.

Existem diferentes tipos de *softwares*, que podem ser classificados da seguinte forma:

- sistemas operacionais, como o Windows;
- *softwares* aplicativos, como o Excel, para planilhas eletrônicas; o Word, para edição de textos, e o PowerPoint, para criação de apresentações;
- *softwares* de linguagem de programação, como o Java;
- *softwares* de rede específicos para cada empresa ou organização.

Todos esses tipos de *software* podem ser usados no contexto educacional. Um professor de Química, por exemplo, pode utilizar um *software* para elaborar listas de exercícios ou avaliações.

Porém, também existem *softwares* educacionais que foram desenvolvidos exclusivamente para auxiliar nos processos de ensino e aprendizagem de Química. Esses *softwares* educacionais são projetados para fornecer recursos e atividades específicas relacionadas ao estudo da disciplina.

Um *software* educacional "deve atender aos objetivos que estão sendo propostos no contexto educacional, independente dos objetivos para os quais foram projetados" (Tavares, 2017, p. 19).

O Grupo de Pesquisa em Inovação e Tecnologias na Educação (GPINTEDUC, 2024), da Universidade Tecnológica Federal do Paraná (UTFPR), acrescenta que "Um software educacional tem sua definição associada à sua utilização e intencionalidade, adota uma teoria de aprendizagem, possibilita o desenvolvimento ou a ressignificação de uma unidade ou o componente curricular e utiliza diferentes recursos multimídia".

Dessa forma, podemos perceber que um *software* educacional carrega consigo uma determinada abordagem sobre o ensino. Ele pode ser do tipo tutorial, que não considera a participação ativa do estudante na aprendizagem, ou pode privilegiar o papel de protagonista do estudante, disponibilizando uma metodologia ativa.

Conheça alguns tipos de *softwares* educacionais no Quadro 4.1, a seguir.

Quadro 4.1 – Síntese com os seis tipos principais de *softwares*

Tipo de *software*	Breve descrição
Tutoriais	Programas que apresentam conceitos e instruções diretas para a execução de tarefas, com baixa interatividade (tutoriais que ensinam a utilizar *softwares*, por exemplo).
Exercitação (exercícios e práticas)	Programas que possibilitam a execução de atividades e/ou exercícios de maneira interativa (os quais os estudantes possam responder), tais como *quizzes*.
Investigação (multimídias e internet)	*Softwares* voltados para a pesquisa de informações, como enciclopédias e repositórios de recursos (em mídias digitais e *on-line*).
Simulação (modelagem)	Programas que visam "imitar" com certa precisão situações às quais os estudantes (usuários) não teriam acesso com facilidade, permitindo a interação com fenômenos e a observação de variáveis, tendo um papel integrador entre a teoria e a prática em determinado assunto.
Jogos	Programas (*softwares*) de entretenimento que contam com um alto nível de interatividade e uma programação mais avançada, podendo ser utilizados tanto como atrativo "motivador" para o estudante quanto em uma situação mais lúdica de ensino; é possível – e, em alguns casos, até recomendado – que se integrem jogos e *softwares* interativos no processo educacional.
Abertos (aplicativos)	*Softwares* que têm funções diversas (abertas), tais como editores de texto, de planilhas, de apresentação de *slides*, plataformas, de comunicação, banco de dados, entre outros.

Fonte: Elaborado com base em Valente, 1999; Nascimento, 2009.

A seguir, apresentamos alguns exemplos de *softwares* que podem ser utilizados por professores de Química:

- ChemDraw – *Software* de desenho molecular que permite aos estudantes criar estruturas químicas de forma interativa e visualmente atrativa.
- Avogadro – *Software* de modelagem molecular que ajuda os estudantes a visualizar e a manipular moléculas tridimensionais, explorando sua geometria e interações.
- Virtual ChemLab – *Software* de laboratório virtual que simula experimentos químicos, permitindo aos estudantes explorar diferentes reações e características químicas de maneira segura e interativa.
- ChemCollective – *Software* educacional que oferece uma variedade de atividades e simulações relacionadas à Química, abordando tópicos como equilíbrio químico, cinético e estrutura molecular.
- Periodic Table Explorer – *Software* que apresenta uma tabela periódica de forma interativa, permitindo aos estudantes explorar as propriedades dos elementos químicos, como massa atômica, raio atômico e configuração eletrônica.

Além desses exemplos, os *softwares* educacionais para o ensino de Química podem ser aplicativos móveis, objetos de aprendizagem, recursos de programação, simuladores e muitos outros. Eles oferecem uma variedade de recursos e atividades que ajudam os estudantes a compreender os conceitos químicos e a se envolver no processo de aprendizagem.

Entendemos que o ensino de Química pode ser desafiador para alguns estudantes, em virtude de sua natureza abstrata e da necessidade de utilização de conceitos matemáticos. Para superar essas dificuldades, é importante adotar novas metodologias que levem em consideração o conhecimento prévio dos alunos, bem como capacitar os professores para o uso adequado das tecnologias digitais em sala de aula.

A formação inicial e continuada dos docentes desempenha um papel crucial na qualidade do ensino e da aprendizagem de Química. Essa formação é especialmente relevante quando se trata do uso de *softwares* educacionais. Para que essas ferramentas sejam realmente inovadoras no ambiente escolar, é fundamental que os professores estejam capacitados para escolher os recursos adequados, explorar as potencialidades de cada *software* e permitir que os alunos assumam um papel ativo na própria aprendizagem.

O professor precisa compreender a importância de selecionar a tecnologia de acordo com os objetivos da aula. Como ressalta Kenski (2011), é essencial considerar as especificidades das tecnologias. Conforme a autora destaca, "o uso inadequado dessas tecnologias compromete o ensino e cria uma aversão em relação à sua utilização em outras atividades educacionais, difícil de ser superada" (Kenski, 2003, p. 5).

Portanto, o professor deve ter um conhecimento aprofundado sobre cada *software* educacional para utilizá-lo de forma eficaz. Por exemplo, em determinadas situações, o uso de *softwares* que permitem uma melhor visualização de imagens ou simulação de características químicas pode ser uma escolha acertada. No entanto, é importante respeitar as especificidades do ensino de Química e da própria tecnologia, garantindo que o uso do *software* faça a diferença no processo de aprendizagem (Kenski, 2011).

A formação inicial do professor é fundamental para que ele entenda seu papel na integração das tecnologias digitais no ensino de Química. Além disso, o professor precisa compreender que a formação é um processo contínuo, pois o avanço tecnológico exige adaptações constantes e atualizações na escolha e utilização das tecnologias. Como observa Siqueira (2013, p. 207), "a incorporação das TICs [tecnologias da informação e comunicação] na formação dos professores pode contribuir [...] para um aprendizado mais autônomo, criativo e coerente com as construções de sentido da contemporaneidade".

Desse modo, é essencial que os professores estejam preparados para utilizar os *softwares* educacionais de forma adequada, considerando as especificidades do ensino de Química e aproveitando o potencial dessas tecnologias para enriquecer o trabalho pedagógico e promover uma aprendizagem significativa.

4.2 Simuladores

A utilização de simuladores no ensino de Química pode trazer diversas contribuições aos professores. Muitas escolas brasileiras não dispõem de laboratórios de Química, e o uso de simulações pode proporcionar aos estudantes a compreensão de características que normalmente seriam experimentadas em um laboratório físico.

Além disso, existem experimentos que podem representar riscos aos estudantes, como aqueles que envolvem substâncias químicas perigosas. Nesses casos, as simulações podem minimizar os perigos e promover reflexões no processo de aprendizagem. Entre os riscos, destacamos aqueles que envolvem substâncias químicas perigosas ou reações explosivas.

Vamos supor que um professor de Química queira abordar o conceito de reações químicas utilizando uma substância volátil. Em vez de expor os estudantes a possíveis riscos, ele pode buscar um simulador que represente a situação por meio de uma animação ou de um laboratório virtual.

Os simuladores são *softwares* educacionais desenvolvidos para tratar de conteúdos específicos, permitindo a representação de situações reais. É importante ressaltar que eles simulam e representam, mas não se referem diretamente à realidade. Conforme definem Silva e Abreu (2020, p. 76), os simuladores são "maneiras de tentar imitar sistemas reais ou conceituais, a fim de estimar um resultado aproximado de suas consequências dadas certas condições iniciais".

O uso de tecnologia digital e objetos de aprendizagem (OAs) pode contribuir significativamente para o ensino de Química. Muitas vezes, é um desafio para os estudantes compreender conceitos abstratos apenas por meio de explicação na lousa ou de leituras em livros e apostilas.

Nesse sentido, o uso de OAs, animações e simuladores pode auxiliar no aprendizado dos conceitos relacionados à química, proporcionando melhor visualização e compreensão de cada tema.

> Quando o aluno tem a oportunidade de experimentar uma determinada simulação, pode testar atividades de maneira mais prática em relação a explicações meramente teóricas. A simulação permite ainda que atividades corriqueiras, condizentes com a realidade familiar do aluno, sejam experimentadas.
>
> Percebe-se que, através da simulação, o aluno ganha mais autonomia na construção do conhecimento, uma vez que resolve problemas pela experimentação. Essa autonomia é pertinente em ambientes construtivistas de aprendizagem. (Rocha, 2018, p. 66)

As simulações desempenham um papel fundamental no ensino de Química, fornecendo ferramentas que permitem a realização de experimentos envolvendo conceitos avançados. Por meio dessas simulações, os estudantes têm a oportunidade de explorar qualitativamente as relações que se evidenciam nas representações visuais disponíveis (Kalinke, 2003).

Existem dois tipos principais de simulações: as não interativas e as interativas. Os **simuladores não interativos** têm como objetivo mostrar e ilustrar a evolução temporal de um evento ou especificidade (Heckler, 2004). Eles permitem aos estudantes observar, de forma passiva, o comportamento do treinamento, sem a possibilidade de alterar os parâmetros da simulação.

Já os **simuladores interativos** oferecem aos estudantes a capacidade de manipular vários parâmetros da simulação, explorando diferentes situações físicas representadas. Ao alterarem essas configurações, eles podem observar e analisar como a teoria estudada se comporta em diferentes condições. Essa interatividade possibilita maior compreensão e aprendizagem dos conceitos químicos, visto que os estudantes podem explorar e experimentar diferentes cenários e examinar as consequências de suas ações.

Dessa forma, as simulações interativas procuram fornecer aos estudantes uma experiência mais envolvente e participativa, viabilizando que eles se tornem ativos na construção do conhecimento químico. Ao manipularem os parâmetros da simulação, eles observam as relações entre as variações verificadas, compreendem os princípios subjacentes e desenvolvem análises mais aprofundadas.

No ensino de Química, os simuladores desempenham um papel importante ao permitir que os estudantes realizem experimentos virtuais, examinem ocorrências sobre características químicas e explorem as relações de causa e efeito. Essas ferramentas oferecem uma oportunidade de vivenciar situações que, de outro modo, seriam inacessíveis ou perigosas no ambiente de laboratório.

Ao utilizar simuladores no ensino de Química, é essencial que os professores conheçam e selecionem os recursos adequados para cada conteúdo e objetivo de aprendizagem. Além disso, é fundamental estabelecer uma metodologia apropriada para a utilização desses recursos, de modo a garantir uma experiência de aprendizagem significativa para os estudantes.

A literatura apresenta diversas sugestões de metodologias para o uso de simuladores no ensino de Química. Uma abordagem comumente sugerida é a utilização do modelo **explorar, explicar, elaborar e avaliar (EEEA)**, que envolve os quatro passos a seguir:

1. Explorar – Os estudantes são convidados a explorar o simulador de forma livre, investigando as diferentes opções e recursos disponíveis. Nesta etapa, eles podem realizar experimentos virtuais, manipular parâmetros e observar os resultados.
2. Explicar – Com base nas observações feitas na etapa anterior, os estudantes são incentivados a explicar os importantes produtos químicos examinados. Nesta etapa, o professor pode fornecer informações teóricas e conceituais para embasar a explicação dos estudantes.
3. Elaborar – Os estudantes são desafiados a aplicar o conhecimento adquirido na etapa anterior para resolver problemas ou situações solicitadas pelo professor. Esta etapa promove a aplicação prática dos conceitos químicos e incentiva a criatividade e o pensamento crítico dos estudantes.
4. Avaliar – Por fim, os estudantes são avaliados quanto ao seu desempenho na compreensão e aplicação dos conceitos químicos envolvidos. Essa avaliação pode ser realizada por meio de testes, projetos, apresentações ou outras formas de avaliação formativa e somativa.

Além da metodologia, é importante destacar alguns exemplos que podem ser utilizados no ensino de Química:

- PhET Interactive Simulations (2024) – Oferece uma ampla variedade de simuladores interativos para o ensino de Química, como simulações de reações químicas, equilíbrio químico, propriedades de gases e muito mais.
- Chem Collective (2024) – Disponibiliza simuladores e atividades virtuais para o ensino de Química, abrangendo

tópicos como cinética química, soluções, ácidos e bases, entre outros.

Esses são apenas alguns exemplos de simuladores disponíveis para o ensino de Química. Convém explorar diferentes recursos e escolher aqueles que melhor se adéquam aos objetivos de aprendizagem e às necessidades dos estudantes.

4.3 Objetos de aprendizagem

A utilização de tecnologias digitais no ensino de Química requer uma abordagem cuidadosa, pois, por si sós, essas tecnologias não garantem melhorias no processo de ensino e aprendizagem. Pesquisas na área têm indicado que bons resultados são realizados quando os alunos se tornam protagonistas de sua própria aprendizagem, com o professor exercendo o papel de mediador (Bacich, 2015; Kenski, 2011; Morán, 2015; Motta; Kalinke, 2019).

Entre as opções disponíveis para a incorporação de tecnologias na sala de aula, os objetos de aprendizagem (OAs) surgem como uma alternativa que oferece possibilidades de apoio ao processo de aprendizagem, ao promover a integração dos conteúdos estudados. Esses recursos são desenvolvidos pelos alunos, o que sugere mudanças na abordagem didática do professor. Os OAs são encontrados em repositórios gratuitos e consistem em recursos específicos sobre determinados conteúdos que podem ser usados e reutilizados pelos professores.

Os recursos de aprendizagem são definidos como "recursos virtuais multimídia que podem ser usados e reutilizados para apoiar objetos de aprendizagem de um conteúdo específico, por meio de atividades interativas, apresentações na forma de animações ou simulações" (Kalinke; Balbino, 2016, p. 25).

Existem diversos repositórios de OAs disponíveis para auxiliar os professores na escolha de recursos adequados para as aulas. Esses repositórios apresentam uma variedade de OAs, geralmente organizados por conteúdo ou disciplina, facilitando a busca por parte do professor.

Ao utilizar OAs em suas aulas, o professor deve selecioná-los de maneira adequada. É importante considerar como o OA lida com os erros cometidos pelos alunos. Os alunos devem ter a oportunidade de refletir sobre seus equívocos e realizar novos experimentos de aprendizagem.

Confira as principais características de um OA:

- recurso digital;
- conteúdo específico;
- uso que permite a interatividade;
- possibilidade de ser reutilizado em diferentes contextos.

As lousas digitais interativas são uma forma de utilizar os OAs de maneira interativa em sala de aula. Essas lousas permitem simular situações, criar animações e aprimorar a visualização de figuras, tornando as aulas mais envolventes e dinâmicas.

No contexto das escolas públicas no Brasil, as lousas digitais interativas são promovidas e distribuídas pelo governo federal, por meio do Ministério da Educação (MEC) e do Fundo Nacional de Desenvolvimento da Educação (FNDE) (Brasil, 2024a). Essa iniciativa oferece possibilidades de implementação de metodologias diferenciadas, tornando as aulas mais atrativas, dinâmicas e interativas para os estudantes. As lousas digitais oportunizam a interatividade, já que têm

> as mesmas funcionalidades que um projetor comum, que reproduz vídeos, apresentações, animações, simulações, músicas, imagens e acesso à internet. No entanto, podemos destacar o seu diferencial, que é a sua utilização como instrumento interativo, que por meio do contato tátil ou de uma caneta que vem junto com o equipamento, possibilita a interatividade entre pessoas e máquina. (Diniz, 2015, p. 32)

Os OAs podem ser localizados em repositórios. Também é possível que os professores programem os próprios objetos de aprendizagem. Para isso, podem contar com *softwares* de programação visual, como o Scratch (2024)*.

Aguiar e Flôres (2014) apresentam as principais características dos OAS. Os autores mencionam a **reusabilidade**, a **adaptabilidade**, a **granularidade**, a **acessabilidade**, a **durabilidade**, a **interoperabilidade** e os **metadados**.

Segundo esses autores, os OAs devem ser reutilizáveis em diferentes contextos de aprendizagem e precisam ser adaptáveis a qualquer tipo de ambiente de ensino. Ainda de acordo com Aguiar e Flôres (2014), os OAs devem ter granularidade, que diz respeito à profundidade do recurso digital. Uma maior granularidade indica OAs fundamentais, como uma imagem; já uma granularidade pequena pode indicar um conjunto maior, como um *site* na internet.

---

* Para verificar, na prática, como é possível adaptar a programação para o contexto desejado, acesse: <https://scratch.mit.edu/>.

Os autores também mencionam a importância de os OAs favorecerem acesso fácil pela internet, para serem usados em vários locais. Essas ferramentas têm de continuar sendo usáveis, mesmo após mudanças de tecnologias. Devem funcionar em diferentes tipos de *hardwares*, sistemas operacionais e navegadores de internet. Por fim, devem sempre apresentar dados, como título, autor, data ou assunto, por exemplo.

Existem diferentes repositórios em que é possível encontrar esses recursos, como o PhET Interactive Simulations (2024). O PhET é um ambiente virtual que se concentra especificamente em simulações para o ensino de Matemática e Ciências da Natureza. Ele oferece mais de 150 simulações interativas e mais de 3 mil planos de aula que podem ser aplicados em conjunto com as simulações. O PhET foi desenvolvido pela Universidade do Colorado, nos Estados Unidos, e está disponível em 113 idiomas, incluindo o português. Assim como acontece em outros repositórios, o PhET disponibiliza seus OAs sob licença aberta para reutilização.

4.4 Aplicativos

As possibilidades de emprego das tecnologias digitais na sala de aula na disciplina de Química evidenciam uma mudança no ensino tradicional, com a adoção de novas metodologias que priorizam o aluno e seus conhecimentos prévios. Essas metodologias buscam integrar os conteúdos de Química com as experiências e as vivências dos estudantes.

> A atenção do discente precisa ser estimulada através de aulas lúdicas, que lhe proporcionem algo de novo despertando o interesse e a motivação para aprender. Para este fim, é necessário investir na procura de novas metodologias que auxiliem a prática pedagógica do educando, pois o conhecimento a ser trabalhado deve ser significativo. (Barbosa et al., 2017, p. 2)

No ensino da disciplina de Química, é importante considerar os desafios relacionados à utilização de tecnologias no ambiente escolar. Nem todas as escolas têm acesso a recursos tecnológicos, como laboratórios de informática, lousas digitais, *tablets* ou uma conexão de internet adequada para atividades *on-line*. Diante disso, surge a necessidade de adaptar as práticas pedagógicas às tecnologias disponíveis em cada contexto.

Uma solução possível é aproveitar os recursos tecnológicos trazidos pelos próprios estudantes. As tecnologias móveis, como os *smartphones*, têm um papel cada vez mais relevante na sala de aula, graças à mobilidade que proporcionam. É essencial que a escola acompanhe as inovações da sociedade e busque aproximar a realidade do mundo do aluno ao ambiente escolar. Como afirmam Brandão e Vargas (2016), a tecnologia está se tornando sedutora e presente na vida dos alunos fora das paredes da escola, enquanto a escola muitas vezes se torna enfadonha e sem sentido para eles.

As tecnologias móveis, como os *smartphones*, já estão presentes no ambiente escolar e podem ser aproveitadas como instrumentos de ensino e aprendizagem. Embora haja leis que proíbam o uso não pedagógico desses dispositivos, os estudantes permanecem conectados e utilizando seus *smartphones*. Portanto, a escola precisa buscar novas formas de viabilizar a aprendizagem por meio das tecnologias disponíveis.

O *smartphone* pode ser utilizado de diversas maneiras, que incluem as funcionalidades de câmera, calculadora e ferramenta para anotações, entre outras possibilidades. No ensino de Química, uma forma de promover benefícios é por meio do uso de aplicativos que transformam os *smartphones* em laboratórios portáteis, permitindo simulações e animações. Essa é uma excelente alternativa para escolas que não dispõem de laboratórios físicos.

Conforme destacado por Ferreira e Mattos (2015), a comunicação móvel está em harmonia com a forma de ser e se desenvolver dos jovens, e a escola precisa aproximar o mundo do aluno ao universo escolar. Borba e Lacerda (2015) ressaltam que não podemos mais ignorar a presença dos *smartphones* nas escolas, pois eles já fazem parte do cotidiano dos alunos. Embora não sejam ferramentas pedagógicas em si, podem ser inseridas no contexto escolar em razão das vantagens que oferecem, como o acesso à internet e a possibilidade de utilização de aplicativos e recursos diversos.

> Pensando nestes dois problemas, ou seja, nos conteúdos abstratos e nas dificuldades da realização de aulas práticas, uma alternativa que se apresenta viável para amenizar em grande parte tais problemas é a simulação virtual com o uso do *smartphone*. [...] mediante aulas lúdicas onde o aluno tenha um papel ativo no processo de ensino e aprendizagem, enquanto o professor tem a função de facilitador, orientador e provocador de reflexões. (Barbosa et al., 2017, p. 2)

O *smartphone* pode contribuir para que o professor desperte o interesse dos estudantes. No entanto, é fundamental que o docente adote metodologias contemporâneas e leve em consideração o contexto individual de cada aluno. Isso significa abordar exemplos e situações que se apresentam em sintonia com a realidade dos estudantes, especialmente quando se trata de conceitos abstratos, comuns no ensino de Química.
Ao relacionar os conteúdos com situações do cotidiano dos alunos, o professor pode promover uma maior conexão entre a teoria e a prática, tornando as aulas mais agradáveis e envolventes. O uso do *smartphone* como uma ferramenta de apoio pode facilitar essa abordagem, permitindo que os estudantes explorem aplicativos, pesquisem informações relevantes e participem de atividades interativas que estimulem o interesse e o engajamento na aprendizagem dos conteúdos de Química. É importante também que a escola seja um espaço de educação para a sociedade:

> Ao manipular variáveis e parâmetros em uma simulação, o aluno poderá ter uma melhor compreensão sobre as relações de causa e efeito presentes no modelo estudado, experiência esta que não se assemelha ao conhecimento teórico, ou aula prática, nem mesmo ao acúmulo de uma tradição oral.
>
> Através da simulação o aprendiz tem ainda a vantagem de explorar modelos mais complexos e em maior número do que se usasse apenas a construção mental. Dessa forma esta ferramenta tem a habilidade de ampliar a capacidade de imaginação e intuição do aluno. (Barbosa et al., 2017, p. 5)

O professor e o estudante também podem criar os próprios aplicativos. Para isso, é possível fazer uso de linguagem de programação visual que não exija conhecimentos avançados em programação. É o caso do *software* MIT App Inventor (2024). Nele, por meio de uma programação baseada em blocos de quebra-cabeças, o usuário programa aplicativos que podem ser utilizados em *smartphones* que disponham do sistema operacional Android.

Com relação aos aplicativos existentes, sugere-se que o professor faça testes anteriormente, verificando se o recurso escolhido é gratuito e se tem versões em português.

Existem diversos aplicativos de Química disponíveis para uso em *smartphones* que podem auxiliar no ensino e aprendizagem da disciplina. Alguns exemplos são apresentados por Leite (2020) e constam no Quadro 4.2, a seguir.

Quadro 4.2 – Tipos de aplicativos para o ensino de Química

Tipo de aplicativo	Objetivo geral dos aplicativos	Apps || nº de downloads
Tabela periódica	Fornecer dados e informações sobre os elementos químicos	Tabela periódica 2020 – Química || +5.000.000
Cálculos químicos	Resolução de questões envolvendo soluções, relação entre fórmulas químicas	*Chemistry Calculator* || +100.000

(continua)

(Quadro 4.2 – continuação)

Tipo de aplicativo	Objetivo geral dos aplicativos	Apps ‖ nº de downloads
Quiz de química	Disponibilizar quiz com perguntas, simulados e provas envolvendo conceitos químicos	Quiz Tabela Periódica ‖ +1.000.000
Jogos	Jogos envolvendo conteúdos de Química	Atomas ‖ +5.000.000
Dicionários químicos	Descrição de termos químicos e definições	Dicionário de Química Offline ‖ +100.000
Nomenclatura	Apresentar as nomenclaturas dos compostos químicos	*IUPAC Nomenclature For Class 12 Chemistry* ‖ +100.000
Fórmulas químicas	Apresentar as fórmulas dos compostos químicos	*Chemistry Formula* ‖ +500.000
Reações químicas	Simulação e descrição de reações químicas	Reações químicas ‖ +50.000
Laboratório químico	Conhecer os materiais utilizados no laboratório, por exemplo, vidrarias e reagentes	*BEAKER – Mix Chemicals* ‖ +1.000.000
Estruturas químicas	Apresentar estruturas químicas de diferentes compostos	Aminoácidos – As estruturas químicas e abreviações ‖ +100.000

Tipo de aplicativo	Objetivo geral dos aplicativos	Apps || nº de downloads
Inorgânica	Fórmulas, nomenclatura, equações e resoluções de conceitos envolvendo a inorgânica	Ácidos, íons e sais inorgânicos – Quiz de química || +100.000
Físico-química	Fórmulas, simulações e resoluções de conceitos envolvendo a físico-química	Química-Física || +100.000
Orgânica	Aplicativos que simulam estruturas e reações orgânicas, nomenclatura e funções	Funções orgânicas em química orgânica – O teste || +500.000

Fonte: Leite, 2020, p. 12.

Esses aplicativos podem ser recursos para enriquecer o ensino de Química com o uso de *smartphones*.

4.5 Realidade virtual e realidade aumentada

No ensino de Química, as opções de uso de simuladores também incluem práticas de realidade virtual (RV) e realidade aumentada (RA). A RA, nesse contexto, é uma tecnologia que combina elementos do mundo real com elementos virtuais, utilizando uma marca de referência e uma câmera ou dispositivo que transmite a imagem do objeto real. Um *software* interpreta o sinal transmitido, permitindo a criação de objetos virtuais sobre o objeto real.

A RA apresenta diversas características vantajosas para o ensino de Química. Ela fornece ambientes imersivos e amplia a abstração e a visualização de conceitos químicos, favorecendo a interatividade e a interação dos estudantes com os objetos virtuais. Além disso, pode ser utilizada a partir de *smartphones*, o que a torna acessível e prática para ser aplicada em sala de aula.

Por outro lado, na RV, não é necessária a presença de um objeto físico. Essa tecnologia se refere a uma interface entre o usuário e um sistema operacional, que emprega recursos gráficos em 3D (tridimensional) ou imagens em 360 graus de visualização para criar a sensação de presença em um ambiente virtual. No contexto do ensino de Química, existem poucos *softwares* de RV disponíveis, mas alguns pesquisadores estão trabalhando para desenvolver programas que utilizam elementos da RV específicos para a disciplina.

Uma característica importante do uso da RV no ensino de Química é a aprendizagem imersiva. No ambiente virtual, os estudantes podem explorar e interagir com conceitos e efeitos químicos de forma mais envolvente e realista, o que pode facilitar a compreensão e a assimilação dos conteúdos.

> O Immersive learning (I-learning), também conhecida por aprendizagem imersiva, é a modalidade que compreende os processos de aprendizagem que ocorrem em ambientes virtuais tridimensional (3D), os chamados metaversos

> criados a partir de diferentes tecnologias digitais capazes de propiciar aprendizagem imersiva, por meio do desenvolvimento de Experiências Ficcionais Virtuais. (Rocha; Joye; Moreira, 2020, p. 14)

No ensino de Química, há recursos disponíveis para criar ambientes imersivos, como a plataforma The Sandbox (2024), que utiliza a tecnologia *virtual world framework* (VWF). Essa plataforma oferece espaços virtuais que podem ser editados por meio de diversas ferramentas, permitindo a importação e o armazenamento de modelos tridimensionais, a criação de cenários e cenas personalizadas e a inserção de personagens, entre outras possibilidades.

Por exemplo, na plataforma The Sandbox, os estudantes podem criar uma versão virtual de um laboratório químico, no qual podem realizar experimentos, manipular substâncias e observar reações químicas em um ambiente seguro e controlado. Eles podem interagir com equipamentos e instrumentos virtuais, como balanças, béqueres e tubos de ensaio, e visualizar os resultados de suas ações de forma imediata e realista.

A plataforma The Sandbox também pode ser utilizada para criar simulações de especificações químicas complexas, como a interação de moléculas em uma ocorrência química ou a estrutura tridimensional de uma substância. Os estudantes exploram essas simulações de maneira interativa, manipulando as moléculas, observando suas propriedades e compreendendo os conceitos químicos de maneira mais concreta e visual.

Dessa forma, essa plataforma, com sua tecnologia VWF, oferece recursos para criar ambientes imersivos no ensino de

Química, proporcionando aos estudantes uma experiência mais envolvente e prática, que facilita a compreensão e a aplicação dos conceitos químicos.

Além da plataforma The Sandbox, existem outros exemplos de aplicação de RV e RA no ensino de Química. A seguir, relacionamos alguns deles:

- **Simulações moleculares em RV** – Com o uso de óculos de RV, os estudantes podem explorar moléculas em um nível microscópico, visualizando a estrutura tridimensional, interagindo com as moléculas e manipulando-as. Isso pode ajudar na compreensão de geometria molecular, ligações químicas e propriedades das substâncias.
- **Aplicativos de RA para visualização de moléculas** – Existem aplicativos de RA que permitem aos alunos visualizar moléculas em 3D por meio da câmera do *smartphone* ou *tablet*. Os estudantes podem sobrepor as moléculas em objetos do mundo real, como uma mesa, o que possibilita uma visualização mais concreta e facilita a compreensão das estruturas químicas.
- **Laboratórios virtuais em RV** – Com a utilização de ambientes virtuais imersivos, os estudantes realizam experimentos químicos em um laboratório virtual, sem a necessidade de equipamentos ou substâncias reais. Os alunos podem manipular reagentes, controlar a temperatura, fazer observações e analisar resultados, tudo de forma virtual e segura.
- **Aplicações de RA para identificação de elementos químicos** – Existem aplicações de RA que permitem aos

alunos apontar a câmera do dispositivo para um objeto e receber informações sobre os elementos químicos nele presentes. Isso pode auxiliar na identificação de elementos em produtos do cotidiano e na compreensão da tabela periódica.

Esses são apenas alguns exemplos de como a RV e a RA podem ser aplicadas no ensino de Química. Essas tecnologias proporcionam uma experiência mais imersiva, interativa e visualmente estimulante, permitindo que os estudantes explorem conceitos químicos de forma mais envolvente e concreta.

Indicações culturais

Acesse diferentes repositórios de OAs, como os indicados a seguir. Selecione recursos direcionados para o ensino de Química.

NOAS – Núcleo de Desenvolvimento de Objetos de Aprendizagem Significativa. **Ensino médio**: Química. Disponível em: <https://www.noas.com.br/ensino-medio/quimica>. Acesso em: 30 mar. 2024.

PARANÁ. Secretaria da Educação. Escola Digital. Disponível em: <https://www.escoladigital.pr.gov.br>. Acesso em: 30 mar. 2024.

Síntese

Ao longo deste capítulo, refletimos sobre a importância da formação docente para atuar como mediador na utilização de tecnologias digitais no ensino de Química. Tanto a formação inicial quanto a formação continuada do professor são fundamentais para que as tecnologias digitais possam representar inovações nos processos de ensino e aprendizagem.

Os vídeos podem ser usados de forma útil para a resolução de exercícios e como material complementar para as aulas. Eles também podem ser utilizados para contextualizar os conteúdos de Química, com o auxílio de trechos de filmes que abordem situações relacionadas às especificações químicas. Além disso, uma opção interessante é permitir que os estudantes realizem dramatizações que representem um interesse químico a ser explorado. O professor pode solicitar que os estudantes gravem uma situação que envolva uma ocorrência química, por exemplo, para depois analisar o vídeo e estudar os conceitos relacionados.

Agora, estamos diante do desafio de explorar OAs, simuladores e aplicativos para o ensino de Química. Essas ferramentas trazem uma abordagem mais interativa e prática para os estudantes, permitindo a exploração de conceitos químicos de forma mais visual e imersiva.

Explorar essas ferramentas tecnológicas no ensino de Química pode proporcionar uma experiência mais dinâmica e envolvente, estimulando o interesse e a compreensão dos estudantes. É importante que os professores estejam abertos a essas possibilidades e busquem se atualizar e incorporar essas tecnologias em suas práticas pedagógicas.

Atividades de autoavaliação

1. O que são *softwares*?
   a) *Softwares* são recursos programados para serem utilizados em aulas de diferentes disciplinas, nos computadores das escolas.
   b) *Softwares* são programas ou serviços para a realização de ações nos computadores.
   c) *Softwares* são objetos de aprendizagem (OAs) para uso exclusivo em *smartphones*.
   d) *Softwares* são simuladores que representam a realidade.
   e) *Softwares* são o mesmo que *hardwares*.

2. O que são objetos de aprendizagem (OAs)?
   a) São recursos voltados para o suporte da aprendizagem de um conteúdo específico, que podem ser reutilizados em diferentes contextos.
   b) São programas de computadores que não precisam ser utilizados necessariamente em escolas.
   c) São simuladores que representam a realidade.
   d) São programas ou serviços para a realização de ações nos computadores.
   e) São o mesmo que *hardwares*.

3. Analise as afirmativas e classifique-as como verdadeiras (V) ou falsas (F):
   I. Realidade virtual (RA) é o mesmo que realidade aumentada (RA).
   II. Na realidade virtual (RV), é necessário um objeto físico que é representado a partir de um equipamento tecnológico.
   III. A realidade virtual (RV) possibilita que estudantes visitem lugares distantes e conheçam situações que não poderiam ser representadas na sala de aula.

   Agora, assinale a alternativa que apresenta a sequência correta:
   a) V, V, V.
   b) F, F, V.
   c) F, V, F.
   d) V, F, V.
   e) V, V, F.

4. Sobre os objetos de aprendizagem (OAs), assinale a única afirmação **falsa**:
   a) São abrangentes e devem abordar todo o conteúdo sobre determinado assunto.
   b) Podem ser usados em diversos momentos e para várias finalidades.
   c) Podem ser construídos por alunos e professores.
   d) Podem ser encontrados em *sites* gratuitos e abertos.
   e) Seu uso tem sido incentivado pelo Ministério da Educação e investigado por vários pesquisadores.

5. Qual das seguintes afirmações é verdadeira sobre o uso de tecnologias digitais, realidade aumentada (RA) e realidade virtual (RV)
6. no ensino de Química?
    a) As tecnologias digitais são apenas úteis para a apresentação de conteúdos teóricos, não sendo aplicáveis em experimentos práticos.
    b) A RA e a RV não oferecem vantagens especiais para o ensino de Química.
    c) O uso de tecnologias digitais, RA e RV no ensino de Química pode proporcionar uma experiência mais imersiva e interativa aos estudantes.
    d) A utilização dessas tecnologias no ensino de Química não requer formação docente específica.
    e) As tecnologias digitais, a RA e a RV são aplicáveis apenas em níveis avançados de ensino de Química.

Atividades de aprendizagem

Questões para reflexão

1. Acesse um repositório de objetos de aprendizagem (OAs) e selecione alguns que podem ser explorados por professores de Química. Os objetos que você localizou apresentam as características apresentadas no texto do capítulo?

2. Pesquise recursos digitais para conteúdos de Química. Você teve facilidade para encontrar *softwares*? Como os professores de Química podem explorar melhor as tecnologias digitais?

Atividade aplicada: prática

1. Atividade prática: "Criação de um objeto de aprendizagem utilizando realidade aumentada (RA)"

   Objetivo: Utilizar a tecnologia de realidade aumentada (RA) para criar um objeto de aprendizagem (OA) interativo sobre um conceito químico específico.

   - Passo 1 – Escolha um conceito físico que você considera importante para ser explorado de forma mais interativa e visual.
   - Passo 2 – Investigue sobre o conceito escolhido e colete informações relevantes, incluindo imagens, gráficos ou animações que possam ser utilizadas para ilustrá-lo.
   - Passo 3 – Utilizando uma plataforma ou *software* de criação de RA, crie um objeto digital que combine as informações coletadas com elementos interativos, como botões, animações ou vídeos.
   - Passo 4 – Integre o OA ao mundo real, usando um marcador físico, como uma imagem impressa ou um objeto específico, que ativará a exibição do conteúdo digital quando visualizado por meio de um dispositivo com suporte à RA.
   - Passo 5 – Teste o OA utilizando um dispositivo móvel com suporte à RA. Verifique se o marcador físico é reconhecido

corretamente e se o conteúdo digital é especificado de forma adequada.
- Passo 6 – Compartilhe o OA com outros estudantes ou colegas de trabalho, permitindo que eles também experimentem a interatividade e bibliotecas fornecidas pela RA.
- Passo 7 – Promova discussões e reflexões sobre o conceito químico explorado, utilizando o OA como suporte. Incentive os participantes a explorar as interações disponíveis no objeto, respondendo a perguntas e estimulando o pensamento crítico.

Capítulo 5

Aprendizagem baseada em projetos, em problemas e em investigação

Carla Krupczak

Neste capítulo, trataremos de alguns tipos de metodologias ativas: ensino por investigação, aprendizagem baseada em problemas e aprendizagem baseada em projetos.

O ensino por investigação é uma abordagem de ensino que considera os estudantes como protagonistas do processo de aprendizagem, incentivando-os a investigar, questionar e buscar respostas para problemas reais ou desafios científicos. Nesse método, os alunos são estimulados a explorar o conteúdo por meio de atividades práticas, experimentos, pesquisas e análises de dados.

A aprendizagem baseada em problemas é outra metodologia ativa de ensino que também coloca os estudantes no centro do processo de aprendizagem, enfatizando o desenvolvimento de habilidades de resolução de problemas, o trabalho em equipe, o pensamento crítico e a autonomia. Nesse método, o foco não está na simples transmissão de informações pelo professor, mas na resolução de problemas práticos que os alunos encontram na vida real.

Por sua vez, a ideia central da aprendizagem baseada em projetos é proporcionar aos alunos a oportunidade de aplicar os conhecimentos teóricos em contextos concretos, desenvolvendo habilidades práticas e competências essenciais, como pensamento crítico, resolução de problemas, trabalho em equipe, comunicação, tomada de decisão e autonomia.

5.1 Problematização

A problematização no ensino de Química é uma abordagem pedagógica que coloca os estudantes no centro do processo de aprendizagem, estimulando-os a refletir, questionar e buscar soluções para problemas reais relacionados à química. Em vez de apenas transmitir informações de forma passiva, o professor apresenta situações desafiadoras e contextualizadas, nas quais os alunos são incentivados a investigar, pesquisar e aplicar os conhecimentos teóricos para compreender e resolver questões práticas (Aires; Lambach, 2010).

Essa metodologia busca promover a aprendizagem significativa, em que os estudantes são motivados a construir o próprio conhecimento, desenvolvendo habilidades críticas, analíticas e de resolução de problemas. A problematização também facilita a integração de diferentes conceitos da química e a conexão entre a teoria e a prática, tornando o ensino mais contextualizado e relevante para a vida dos alunos. Em resumo, a problematização no ensino de Química busca estimular o pensamento crítico e a autonomia dos estudantes, preparando-os para enfrentar os desafios do mundo real.

> O desafio para o professor é, portanto, apresentar situações reais vividas pelos alunos e que são por eles reconhecidas através de representações codificadas que possibilitam a dialogicidade entre seus conhecimentos e aqueles inéditos, para eles, quais sejam conceitos científicos, veiculados através da mediação docente. (Muenchen; Delizoicov, 2013, p. 2448)

A problematização aparece como componente essencial de várias metodologias e abordagens de ensino. Para Paulo Freire (2015), a problematização é uma estratégia pedagógica central em sua teoria da educação. Essa abordagem busca transformar a maneira tradicional de ensinar, que é baseada na transmissão de conhecimento do professor para o aluno, em um processo mais participativo e crítico, em que tanto o educador quanto o educando são sujeitos ativos no processo de aprendizagem.

Cabe ressaltar que a problematização envolve a identificação e a discussão de problemas e questões significativos e relevantes para a realidade dos estudantes. Em vez de simplesmente repassar informações prontas, o professor apresenta situações concretas que instigam o pensamento crítico dos alunos e os encoraja a questionar, refletir e buscar soluções para os desafios enfrentados na sociedade.

Essa abordagem permite que os alunos se engajem em um diálogo aberto e colaborativo, expressando suas ideias, experiências e conhecimentos prévios. O professor atua como um facilitador, guiando as discussões e estimulando o pensamento crítico, mas também aprendendo com os alunos e sendo sensível a necessidades e contextos específicos deles.

Freire (2015) também enfatiza a importância de conectar os conteúdos curriculares com a realidade dos estudantes, tornando a aprendizagem mais significativa e relevante. A partir das questões apresentadas, os alunos são incentivados a buscar informações, analisar diferentes perspectivas e propor soluções coletivamente, desenvolvendo habilidades de pesquisa, análise crítica e resolução de problemas.

A problematização vai além do ensino de conceitos e fatos isolados; ela busca formar cidadãos conscientes, capazes de compreender o mundo ao seu redor e atuar de forma transformadora para a construção de uma sociedade mais justa e com equidade. Para Freire (2015), a educação é um ato político e de libertação, e a problematização é uma ferramenta fundamental para alcançar esse objetivo.

No caso específico do ensino de Ciências e de Química, Delizoicov, Angotti e Pernambuco (2002) construíram uma abordagem didática chamada de **três momentos pedagógicos (3MP)**. Essa estratégia de ensino se baseia na pedagogia freireana e na problematização do ensino.

O primeiro momento pedagógico é a **problematização inicial**, em que são apresentadas aos estudantes situações reais, que eles conhecem ou vivenciam. Os alunos são estimulados a expor seus conhecimentos, e o professor os problematiza, indicando que faltam informações para a completa resolução e compreensão da questão.

Então, no segundo momento pedagógico, ocorre a **organização do conhecimento**, que é a etapa em que os estudantes selecionam e estudam sistematicamente os conceitos necessários para a compreensão e a resolução do problema. Esse estudo é feito com a orientação do professor e, quanto mais áreas e docentes estiverem envolvidos, melhor será o resultado. Os autores recomendam que sejam construídos mapas conceituais, de modo que seja mais fácil visualizar as conexões entre os conceitos e sua relação com a situação-problema.

O último momento pedagógico é a **aplicação do conhecimento**. O objetivo não é apenas capacitar o estudante para resolver o problema apresentado no início, mas formar o estudante para usar os conhecimentos construídos em outras situações. Como explicam Delizoicov, Angotti e Pernambuco (2002, p. 202),

> A meta pretendida com este momento é muito mais a de capacitar os alunos ao emprego dos conhecimentos, no intuito de formá-los para que articulem, constante e rotineiramente, a conceituação científica com situações reais, do que simplesmente encontrar uma solução, ao empregar algoritmos matemáticos que relacionam grandezas ou resolver qualquer outro problema típico dos livros-textos.

Portanto, a problematização no ensino de Química tem o intuito de aumentar o nível de consciência e compreensão dos estudantes sobre a realidade, de modo a elevar sua alfabetização científica.

5.2 Ensino por investigação

O ensino por investigação é uma abordagem que surge no ensino de Ciências com o intuito de aproximar a ciência escolar da ciência real, feita pelos cientistas. Afinal, a primeira é sólida, fixa e com verdades bem definidas, os experimentos realizados pelos estudantes sempre funcionam da maneira esperada, e os problemas resolvidos sempre têm uma solução correta e única, muitas vezes previamente conhecida. Já a segunda é difusa, sem respostas definidas, e os experimentos não têm roteiro a ser seguido (Munford; Lima, 2007).

No ensino por investigação,

> [o] tema é investigado com **o uso de diferentes atividades investigativas** (por exemplo: laboratório aberto, demonstração investigativa, textos históricos, problemas e questões abertas, recursos tecnológicos). Em qualquer dos casos, a diretriz principal de uma atividade investigativa é o cuidado do(a) professor(a) com **o grau de liberdade intelectual dado ao aluno** e com **a elaboração do problema**. Estes dois itens são bastante importantes, pois é o problema proposto que irá desencadear o raciocínio dos alunos e sem liberdade intelectual eles não terão coragem de expor seus pensamentos, seus raciocínios e suas argumentações. (Carvalho, 2018, p. 767, grifo do original)

Portanto, no ensino por investigação, são usados problemas que os estudantes precisam responder ou resolver. No caso do ensino de Química, é comum que, para testar hipóteses, sejam utilizados experimentos variados, os quais são planejados pelos alunos, sem o auxílio de um roteiro prévio. Isso é feito de modo a aproximar a investigação feita no ambiente escolar da realizada pelos cientistas.

Essa abordagem busca desenvolver habilidades essenciais para os estudantes, como pensamento crítico, capacidade de resolver problemas complexos, trabalho em equipe, comunicação, responsabilidade e autonomia (Monteiro et al., 2022). Além disso, o ensino por investigação favorece a contextualização dos conceitos, tornando-os mais significativos e relevantes para os alunos, uma vez que estão sendo aplicados em situações concretas.

Essa metodologia é amplamente utilizada nas Ciências, incluindo a Química, pois permite aos alunos vivenciar o método científico na prática, contribuindo para uma aprendizagem mais profunda e duradoura. No ensino por investigação, os estudantes são incentivados a se tornarem cientistas nas próprias jornadas de aprendizagem, construindo o conhecimento de forma ativa e significativa. A Figura 5.1 indica os passos normalmente seguidos em aulas investigativas.

Figura 5.1 – Etapas comuns na investigação

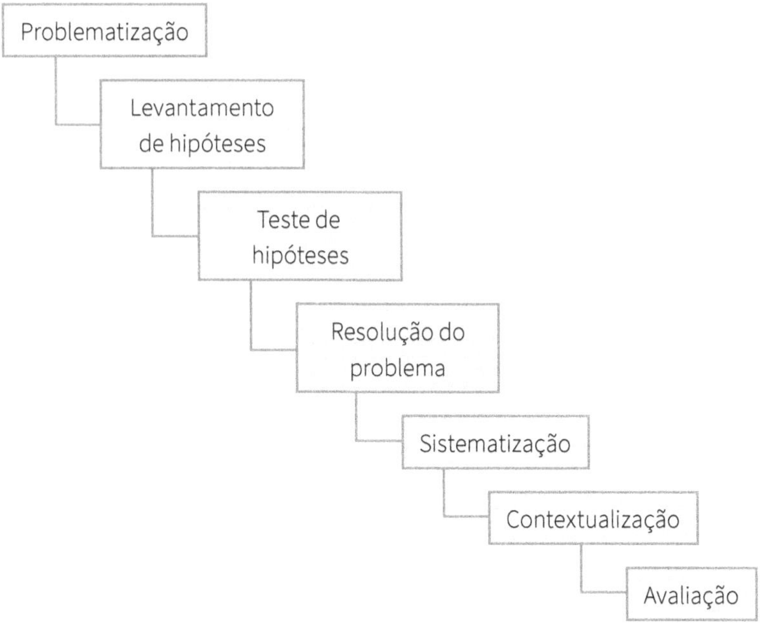

- Problematização
- Levantamento de hipóteses
- Teste de hipóteses
- Resolução do problema
- Sistematização
- Contextualização
- Avaliação

Fonte: Monteiro et al., 2022, p. 511.

A primeira etapa de uma aula investigativa é a **problematização**. O problema pode ser apresentado pelo professor ou pelos próprios estudantes. Carvalho (2018) reforça que o grau de liberdade intelectual é um dos pontos importantes dessa abordagem metodológica. O docente deve estimular os alunos a desenvolver a maior parte do processo investigativo de forma autônoma, inclusive com a escolha do problema.

Conforme Carvalho (2018, p. 771-772),

Um bom problema é aquele que:

- dá condições para os alunos resolverem e explicarem o fenômeno envolvido no mesmo;
- dá condições para que as hipóteses levantadas pelos alunos levem a determinar as variáveis do mesmo;
- dá condições para os alunos relacionarem o que aprenderam com o mundo em que vivem;
- dá condições para que os conhecimentos aprendidos sejam utilizados em outras disciplinas do conteúdo escolar;
- […] o conteúdo do problema está relacionado com os conceitos espontâneos dos alunos […];

Por outro lado, […] um bom problema é aquele que dá condições para que os alunos:

- passem das ações manipulativas às ações intelectuais (elaboração e teste de hipóteses, raciocínio proporcional, construção da linguagem científica);
- construam explicações causais e legais (os conceitos e as leis).

Depois da problematização, vem a etapa do **levantamento de hipóteses**, as quais precisam ser passíveis de teste. Assim, a terceira parte das aulas investigativas de Química é o **teste de hipóteses**, normalmente feito por meio de experimentos, os quais devem ser projetados pelos próprios estudantes.

Após os testes, os estudantes têm condições de **resolver o problema** ou **descartar hipóteses**, pelo menos. A próxima etapa é a sistematização dos conhecimentos, o que pode ser feito por meio de relatórios, resumos, mapas conceituais, entre outros. Nesse processo, o professor pode corrigir erros conceituais e orientar os estudantes para que realizem mais pesquisas, caso seja necessário. Os alunos devem compartilhar os resultados encontrados com os outros colegas e discutir as melhores soluções para o problema.

A próxima etapa comum em uma aula investigativa é a **contextualização**, em que o professor aproxima ainda mais o problema estudado da realidade do estudante. Ademais, podem ser apresentadas situações parecidas ou que se baseiem nos mesmos conceitos científicos para que os alunos expandam o que aprenderam para outros casos (Monteiro et al., 2022). Por fim, o docente pode realizar a **avaliação** com os estudantes, a qual pode ser processual, e eles podem fazer uma autoavaliação.

Exemplo prático

Um exemplo de atividade investigativa pode ser encontrado no artigo "Ensino experimental de química: uma abordagem investigativa contextualizada", de Ferreira, Hartwig e Oliveira (2010). Os pesquisadores propõem que os estudantes respondam à pergunta: Como determinar o teor de álcool na gasolina? Os estudantes tiveram de construir hipóteses e testá-las por meio de experimentos planejados por eles. Os autores concluíram que a abordagem facilitou o aprendizado dos conteúdos de polaridade e solubilidade de substâncias e aproximou os alunos da ciência real praticada pelos cientistas.

5.3 Aprendizagem baseada em problemas

A aprendizagem baseada em problemas (ABP) surgiu na década de 1960, em universidades do Canadá, em cursos da área de saúde. No Brasil, essa metodologia foi aplicada pela primeira vez nos cursos de Medicina da Faculdade de Medicina de Marília e na Universidade Estadual de Londrina, em 1997 e 1998, respectivamente. Os cursos criaram um currículo totalmente inspirado na aprendizagem baseada em problemas (Malheiro; Diniz, 2008).

A ABP é mais utilizada em cursos da área de saúde, como Medicina e Odontologia, mas pode ser aplicada em diversas áreas do conhecimento, incluindo a química. Ao se adotar a ABP no ensino de Química, os estudantes têm a oportunidade de desenvolver uma compreensão mais profunda da disciplina, além de adquirir habilidades essenciais para a vida pessoal e profissional.

Os problemas aqui referidos são situações que suscitam dúvida e requerem a busca de informações para serem compreendidos ou resolvidos. Portanto, são diferentes dos pseudoproblemas comumente usados no ensino de Ciências. Segundo Malheiro e Diniz (2008, p. 2), "O problema deve colocar os alunos diante de um grande número de decisões que eles devem tomar, criando estratégias com o objetivo de solucionar o que lhe [sic] foi proposto e traçado".

A ABP promove a contextualização do conteúdo, tornando-o mais significativo para os estudantes, pois eles veem a aplicação prática dos conceitos aprendidos. Além disso, a metodologia incentiva a curiosidade e a busca por conhecimento, já que os alunos precisam realizar pesquisas e buscar informações relevantes para resolver o problema apresentado. Com efeito,

> a principal característica dessa metodologia é o fato de ser centrada no aluno, desenvolver-se em pequenos grupos tutoriais, apresentar problemas em um determinado contexto, ser um processo ativo, cooperativo, integrado e interdisciplinar. A ABP visa, dentre outras coisas, a estimular no aluno a capacidade de aprender a aprender, de trabalhar em equipe, de ouvir outras opiniões, mesmo que contrárias às suas e induz o aluno a assumir um papel ativo e responsável pelo seu aprendizado. Objetiva também conscientizar o aluno do que ele sabe e do que precisa aprender, motivando-o a ir buscar as informações relevantes. (Malheiro; Diniz, 2008, p. 2)

Nesse processo, o professor deixa de ser o transmissor do conhecimento e passa a ser um parceiro de pesquisa, um orientador, que vai estimular os estudantes a buscar e a construir o conhecimento. O docente deve orientar as discussões de modo que os alunos não fujam dos objetivos iniciais definidos para resolver o problema. Porém, o professor não pode fornecer informações técnicas para os estudantes. Assim, "uma das tarefas mais alegres de um educador é provocar nos seus alunos a experiência do espanto. Um aluno espantado é um aluno pensante e, consequentemente, mais crítico acerca da problemática apresentada" (Malheiro; Diniz, 2008, p. 3).

A Figura 5.2 indica o ciclo de aprendizagem comumente seguido na ABP.

Figura 5.2 – Ciclo de aprendizagem da ABP

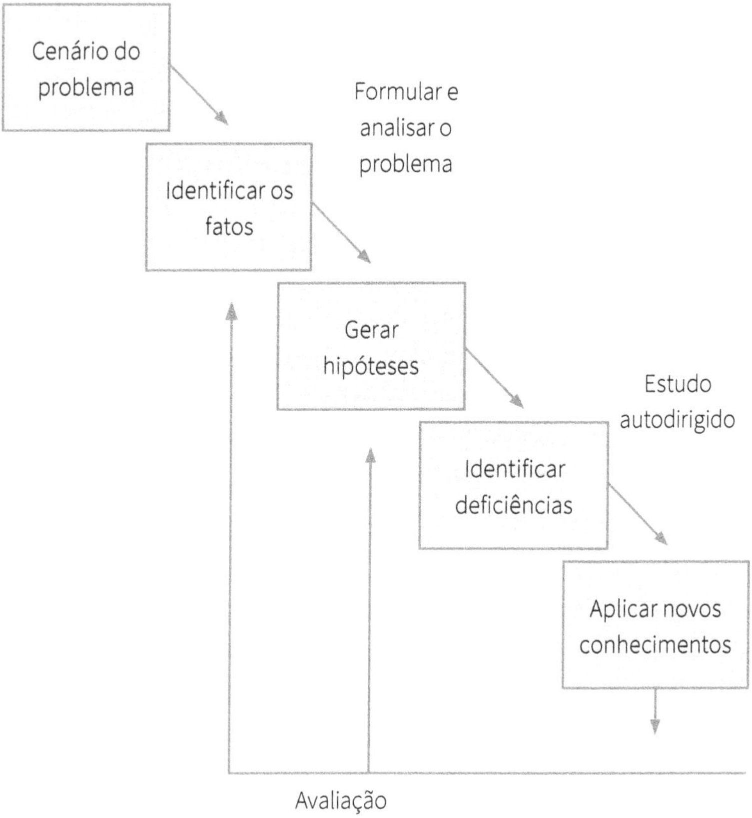

```
Cenário do problema
    → Formular e analisar o problema
        → Identificar os fatos
            → Gerar hipóteses
                → Identificar deficiências
                    → Estudo autodirigido
                        → Aplicar novos conhecimentos
                            → Avaliação
```

Fonte: Lopes et al., 2011, p. 1276.

A ABP também aproxima o estudante das metodologias científicas e do fazer científico, uma vez que é comum o uso da experimentação, principalmente na área da química. O aluno torna-se construtor do próprio conhecimento, como fazem os cientistas, e sua aprendizagem torna-se significativa (Malheiro; Diniz, 2008).

É importante destacar que, na ABP, os conteúdos e as disciplinas são ensinados e aprendidos de forma conjunta. Ou seja, essa abordagem é interdisciplinar por natureza, visto que os problemas são bem elaborados e complexos, dependendo de conhecimentos de diferentes áreas para serem resolvidos e compreendidos.

No Quadro 5.1 são apresentadas algumas estratégias usadas para resolver os problemas.

Quadro 5.1 – Estratégias de resolução de problemas

O que você sabe sobre o assunto?	Ideias para solucionar o problema	O que preciso saber sobre o assunto?	Plano de ação
Listagem de todas as informações sobre a questão levantada.	Valorização do conhecimento prévio dos estudantes.	Levantamento de conhecimentos que precisam ser adquiridos para solucionar o problema.	☐ Onde buscar as informações? ☐ É necessário realizar análises? Quais? ☐ Analisar resultados.

Fonte: Raimondi; Razzoto, 2020, p. 38-39.

Essas questões norteadoras auxiliam os estudantes na resolução dos problemas e orientam para a organização das etapas a serem realizadas.

5.4 Aprendizagem baseada em projetos

O cidadão do século XXI precisa de mais do que conhecimentos soltos; é necessário ter habilidades como as de seleção de informações confiáveis e coerentes, resolução de problemas, transposição de conceitos para diferentes contextos, trabalho cooperativo, comunicação, entre outras. Nesse sentido, várias metodologias de ensino vêm sendo estudadas e implementadas, como o ensino por investigação e a ABP, já examinadas neste capítulo. Agora, vamos discutir a aprendizagem baseada em projetos.

Segundo Pasqualetto, Veit e Araujo (2017), a aprendizagem baseada em projetos teve início em abordagens de ensino do século XVI usadas em escolas de arquitetura da Europa. A maior divulgação da metodologia ocorreu após 1965, quando ela se espalhou pelo mundo e passou a ser muito conhecida.

A linha do tempo do desenvolvimento dessa abordagem está representada na Figura 5.3.

Figura 5.3 – Linha do tempo do desenvolvimento da aprendizagem baseada em projetos

1590	1765	1880	1915	1965	2006
Início do trabalho pro projetos nas escolas de arquitetura da Europa.	O projeto como método de ensino regular e seu transplante para a América.	Trabalho com projetos nas escolas de formação manual e nas escolas públicas gerais.	Redefinição do Método de Projeto e seu transplante da América para a Europa.	Redescoberta da ideia de projeto e a terceira onda de sua divulgação internacional.

Fonte: Pasqualetto; Veit; Araujo, 2017, p. 553.

Um dos nomes mais importantes da aprendizagem baseada em projetos é John Dewey. No começo do século XX, nos Estados Unidos, ele participou de um movimento chamado *Escola Nova*, que visava à atualização dos métodos de ensino e à melhoria da qualidade da educação geral. Nesse contexto, Dewey sistematizou a pedagogia de projetos, a qual foi lapidada e divulgada por William Kilpatrick na primeira metade do século XX (Pasqualetto; Veit; Araujo, 2017).

Essa metodologia de ensino "tem se mostrado capaz de envolver os estudantes em investigações que ultrapassam os limites da sala de aula e que, além da aprendizagem acadêmica, proporcionam motivação, engajamento e, em muitos casos, contribuições à comunidade na qual os alunos estão inseridos" (Pasqualetto; Veit; Araujo, 2017, p. 552).

O processo de aprendizagem baseada em projetos geralmente envolve as seguintes etapas:

- **Introdução do projeto** – O professor apresenta o projeto aos alunos, definindo o objetivo, o tema e os desafios envolvidos. Isso desperta o interesse dos estudantes e estabelece o contexto para a aprendizagem. Em alguns casos, a ideia do projeto pode partir dos estudantes.
- **Planejamento** – Os alunos trabalham em grupos para planejar a execução do projeto, definindo metas, recursos necessários, cronograma e tarefas específicas para cada membro da equipe.
- **Pesquisa e investigação** – Os alunos realizam pesquisas e investigações para coletar informações relevantes sobre o projeto, explorando diferentes fontes de conhecimento.
- **Desenvolvimento** – Com base nas informações coletadas, os alunos desenvolvem soluções ou respostas para o problema ou desafio proposto no projeto.
- **Apresentação** – Os grupos apresentam suas descobertas e soluções para toda a classe ou para um público maior, o que ajuda no desenvolvimento de habilidades de comunicação e apresentação.
- **Avaliação** – Os projetos são avaliados com base nos resultados alcançados, na qualidade do trabalho realizado e no processo de aprendizagem dos alunos.

Portanto,

A aprendizagem em projetos possui uma sequência metodológica que possibilita a flexibilização e inserção de temáticas transversais para as salas multisseriadas, ademais,

> o ensino interdisciplinar permite um trabalho docente mais reflexivo pelo tempo de execução e adaptação da metodologia nas aulas. (Lima; Nunes; Souza, 2020, p. 98)

A aprendizagem baseada em projetos é considerada uma abordagem eficaz para engajar os alunos, promover a aprendizagem significativa e conectar o conteúdo acadêmico com a vida real. Além disso, incentiva o trabalho colaborativo, a criatividade e o pensamento crítico, preparando os estudantes para enfrentar desafios do mundo contemporâneo. É uma estratégia pedagógica amplamente adotada em diversas áreas do conhecimento, incluindo a química, para tornar a aprendizagem mais relevante e contextualizada.

O Pacto Nacional pelo Fortalecimento do Ensino Médio (PNEM), instituído pela Portaria n. 1.140, de 22 de novembro de 2013 (Brasil, 2013), propõe o uso de projetos e sugere alguns temas, como violência, jogos (como o Angry Birds), lixo e transporte público. No entanto, vale frisar que o docente deve considerar a realidade local para escolher os temas dos projetos. O ideal é que os estudantes façam a escolha com base no que é do interesse deles.

Para a organização de um projeto, é importante realizar o devido planejamento, pensando em aspectos como tempo de execução, viabilidade do projeto, materiais e equipamentos necessários, conteúdos e disciplinas envolvidos, entre outros. Normalmente, um projeto se encerra com a construção de um produto ou com uma ideia que permite a resolução da situação inicial.

5.5 Estudante pesquisador

Neste capítulo, abordamos algumas metodologias ativas e vimos que em todas elas o estudante é o centro do processo de ensino e aprendizagem. Nessas estratégias de ensino, é comum o uso da pesquisa e da experimentação para a resolução de problemas e a realização de projetos. Nesses processos, o conhecimento construído pelo estudante é muito valorizado. No caso específico do ensino de Química, a experimentação realizada pelos alunos é fundamental, mas vale fazer uma ressalva:

> A experimentação pode contribuir para aproximar o Ensino de Ciências das características do trabalho científico, a fim de melhorar a aquisição de conhecimentos e o desenvolvimento mental dos alunos, através da resolução de questões-problema que valorize seus conceitos prévios e suas racionalizações. Caso contrário, a utilização das aulas de laboratório como "receitas de bolo", tem como resultados conclusões já definidas pelo professor (dogmas), e que não caberia ao aluno questioná-las. (Tauceda; Nunes; Del Pino, 2011, p. 134)

Ou seja, para que a experimentação tenha sentido na formação dos estudantes, é preciso que ela seja problematizadora, desafie os alunos e permita que eles atuem como pesquisadores.

Nas metodologias ativas, o aluno desempenha frequentemente o papel de pesquisador. Essas abordagens pedagógicas colocam o estudante no centro do processo de aprendizagem, possibilitando que ele explore, investigue e construa ativamente seu conhecimento. O aluno é incentivado a ser curioso, a buscar informações, a analisar diferentes fontes, a formular perguntas e a resolver problemas de maneira autônoma e colaborativa.

Nas metodologias ativas, os alunos não são apenas receptores passivos de informações transmitidas pelo professor. Em vez disso, eles são instigados a participar ativamente na busca por conhecimento, aprofundando-se em tópicos de interesse, discutindo ideias com os colegas, realizando investigações, desenvolvendo projetos e aplicando o conhecimento no mundo real.

Dessa forma, os estudantes assumem o papel de pesquisadores ao realizarem as seguintes ações:

- **Explorar e investigar** – Eles são encorajados a explorar diferentes fontes de informação, como livros, artigos, vídeos e recursos *on-line*, a fim de adquirir um entendimento mais profundo dos tópicos estudados.
- **Formular perguntas** – Eles são incentivados a fazer perguntas que despertem a curiosidade e promovam a análise crítica. Isso os leva a buscar respostas e a desenvolver habilidades de investigação.
- **Pesquisar e analisar** – Eles realizam pesquisas independentes para obter informações relevantes, avaliam a qualidade e a confiabilidade das fontes e analisam os dados coletados.
- **Colaborar e discutir** – O trabalho em equipe é enfatizado nas metodologias ativas. Os alunos colaboram com seus colegas, compartilham descobertas, discutem ideias e trocam perspectivas, o que enriquece o processo de aprendizagem.

- **Resolver problemas e aplicar o conhecimento** – Eles são desafiados a resolver problemas do mundo real, aplicando os conceitos aprendidos em situações práticas e contextualizadas.
- **Desenvolver projetos** – Em muitas metodologias ativas, os alunos participam da elaboração e da execução de projetos, que envolvem pesquisa, análise, síntese e apresentação de resultados.

Portanto, nas metodologias ativas, o aluno não apenas adquire informações, mas também desenvolve habilidades de pesquisa, pensamento crítico, resolução de problemas e autonomia, tornando-se um participante ativo e engajado em seu próprio processo de aprendizagem.

A Base Nacional Comum Curricular (BNCC) também incentiva a prática de pesquisa na educação, visando à atuação do estudante como pesquisador, principalmente nas disciplinas das áreas naturais, como Química, Física e Biologia (Brasil, 2018).

Síntese

Neste capítulo, vimos três metodologias ativas de ensino: ensino por investigação, ABP e aprendizagem baseada em projetos. Diferentemente do que ocorre no ensino tradicional, em que o professor apresenta os conceitos prontos aos alunos, no ensino por investigação, os estudantes são encorajados a formular hipóteses, conduzir experimentos, analisar resultados e tirar conclusões. O papel do professor é atuar como mediador, orientando e apoiando os alunos em sua jornada investigativa.

Na ABP, os estudantes são apresentados a um problema ou cenário complexo e realista que exige o uso de conhecimentos teóricos e práticos da disciplina, no caso específico, da Química. Os alunos, então, trabalham em grupos para analisar o problema, identificar as informações necessárias, buscar conhecimentos relevantes e propor soluções fundamentadas em evidências. Essa abordagem estimula o aprendizado ativo, o trabalho em equipe e a colaboração, pois os alunos devem discutir e trocar ideias para encontrar soluções. Ao trabalharem juntos, eles aprendem a valorizar diferentes perspectivas e a respeitar as opiniões dos colegas.

Por sua vez, a aprendizagem baseada em projetos é uma abordagem de ensino que coloca os estudantes no centro do processo de aprendizagem, incentivando-os a aprender por meio da realização de projetos práticos e significativos. Nesse método, os alunos trabalham em grupos para investigar, explorar e resolver problemas reais ou situações desafiadoras que envolvem questões do mundo real.

Atividades de autoavaliação

1. Qual é o objetivo central da problematização no ensino de Química?
    a) Transmitir informações prontas e passivas aos estudantes, garantindo a compreensão imediata.
    b) Isolar os conteúdos curriculares da realidade dos estudantes, tornando o ensino mais abstrato.

c) Estimular os alunos a memorizar conceitos e fatos isolados para aplicação posterior.
d) Colocar os estudantes no centro do processo de aprendizagem, incentivando-os a refletir, questionar e buscar soluções para problemas reais relacionados à química.
e) Fornecer respostas prontas para os desafios enfrentados na sociedade, evitando a necessidade de pesquisa e reflexão crítica.

2. Qual é a etapa inicial do ensino por investigação?
   a) Levantamento de hipóteses.
   b) Sistematização dos conhecimentos.
   c) Contextualização do problema.
   d) Teste de hipóteses por meio de experimentos.
   e) Problematização do tema a ser investigado.

3. Qual é uma das principais características da aprendizagem baseada em problemas (ABP)?
   a) Fornecimento de informações técnicas pelo professor para os alunos, uma vez que o docente é o especialista no assunto.
   b) Ênfase na transmissão de conhecimento pelo docente, pois os estudantes precisam da ajuda do professor para aprender.
   c) Centralização da aprendizagem no professor, pois ele é o detentor do conhecimento técnico.
   d) Estímulo à busca por informações relevantes pelos alunos, pois eles devem pesquisar para resolver os problemas apresentados.

e) Abordagem exclusivamente teórica dos conceitos aprendidos, pois essa é a maneira mais rápida de se resolver um problema.

4. Qual é um dos objetivos da aprendizagem baseada em projetos?
    a) Transmitir informações acadêmicas de forma passiva aos alunos.
    b) Limitar a aprendizagem ao ambiente da sala de aula.
    c) Desenvolver habilidades como trabalho cooperativo e comunicação.
    d) Fornecer respostas definitivas para os desafios propostos.
    e) Minimizar a participação dos alunos no planejamento do projeto.

5. Qual é um dos papéis que os alunos desempenham nas metodologias ativas?
    a) Apenas adquirir informações passivamente, de modo a poder desenvolver seu conhecimento e sua capacidade cognitiva.
    b) Limitar-se a fontes de informação tradicionais, como livros didáticos, pois apenas essas fontes são confiáveis e livres de *fake news* (notícias falsas).
    c) Realizar experimentos apenas conforme as instruções do professor, porque os experimentos podem ser perigosos.
    d) Explorar, investigar, formular perguntas e resolver problemas de forma ativa e colaborativa.
    e) Depender exclusivamente do professor para buscar informações relevantes, já que os estudantes não conseguem identificar *fake news*.

Atividades de aprendizagem

Questões para reflexão

1. Se você já é professor, alguma vez ministrou aulas utilizando alguma das metodologias abordadas neste capítulo? Explique como foi a experiência.

2. Você conhece alguma escola em sua região que utilize a aprendizagem baseada em problemas (ABP) ou a aprendizagem baseada em projetos? Se sim, como o currículo dessa escola é organizado?

Atividade aplicada: prática

1. Construa um plano de aula usando uma das metodologias abordadas neste capítulo para ensinar um conteúdo de Química. Seu plano de aula deve contemplar no mínimo três aulas e ser direcionado para uma turma de 1ª série do ensino médio. Descreva detalhadamente os materiais que serão usados e todas as etapas.

Capítulo 6

Design thinking e aprendizagem colaborativa

Carla Krupczak

A prática educativa dos professores precisa passar por mudanças, visto que a educação deve se adaptar às transformações sociais. O modelo tradicional de ensino, em que o professor é o foco e os alunos são receptores passivos, está sendo substituído por abordagens mais colaborativas, nas quais os estudantes desempenham um papel ativo no próprio aprendizado. Nesse aspecto, a metodologia ativa é mencionada como uma abordagem que coloca o estudante como protagonista, promovendo a autonomia e a construção do conhecimento.

Diversas metodologias ativas são conhecidas, como aprendizagem baseada em problemas (ABP), *jigsaw*, ensino por investigação, aprendizagem baseada em projetos, *design thinking*, entre outras. Em muitas dessas abordagens, destaca-se o papel das tecnologias digitais na educação, não apenas como ferramentas auxiliares, mas como recursos para uma aprendizagem criativa.

No contexto do ensino de Ciências da Natureza, as metodologias ativas são vistas como uma resposta aos desafios presentes nas salas de aula e estão alinhadas com as diretrizes da Base Nacional Comum Curricular (BNCC). Assim, é importante que a formação inicial e continuada de professores inclua o trabalho com as metodologias ativas.

Neste último capítulo, vamos tratar de:

- conceitos de colaboração e cooperação;
- conceito de *design thinking*;
- técnicas colaborativas;
- rotação por estações;
- painéis virtuais.

6.1 Conceitos de colaboração e cooperação

O ensino cooperativo e o ensino colaborativo são abordagens pedagógicas que enfatizam a interação entre os alunos e a aprendizagem mútua. Ambas as abordagens visam promover a participação ativa dos estudantes no processo de aprendizagem, mas apresentam algumas diferenças em termos de organização e foco.

No **ensino cooperativo**, os alunos trabalham em grupos pequenos para atingir objetivos comuns; cada membro contribui de maneira significativa para a conclusão das tarefas. A colaboração é fundamental, e os estudantes aprendem a trabalhar juntos para alcançar metas compartilhadas. O ensino cooperativo incentiva o desenvolvimento de habilidades sociais, a comunicação eficaz, a resolução de conflitos e a aprendizagem coletiva.

Nessa estratégia, as atividades são programadas e organizadas pelo professor, então ele deve estar presente em todas as etapas, desde a divisão das equipes até a resolução final. O docente deve sanar as dúvidas, e os estudantes fazem uma parte cada um para atingir o objetivo final (Elias; Behrens; Torres, 2021).

No **ensino colaborativo**, a principal ênfase está na colaboração. Os alunos não apenas trabalham juntos para concluir tarefas, mas também participam ativamente da construção do conhecimento, o que envolve compartilhar ideias, debater conceitos, analisar informações e criar soluções em conjunto. O ensino colaborativo é mais voltado para a construção coletiva do entendimento, e os estudantes têm um papel ativo na criação e no desenvolvimento do conhecimento.

Nessa abordagem, as atividades são mais estruturadas e complexas e são definidas e organizadas pelos próprios estudantes. O professor interfere apenas quando solicitado, e os alunos têm maior responsabilidade com a equipe. Assim, "na aprendizagem colaborativa, os discentes demonstram autonomia para o aprendizado e compreensão holística do desenvolvimento do trabalho" (Elias; Behrens; Torres, 2021, p. 8).

Ambas as abordagens têm como objetivo incentivar a aprendizagem ativa, a troca de conhecimentos e a construção de habilidades de trabalho em equipe. Entretanto,

> Na aprendizagem cooperativa, o professor é um organizador, estando no centro do desenvolvimento das atividades; nesse viés, faz-se necessário um processo de divisão de tarefas. Já na aprendizagem colaborativa, o papel do professor é criar situações de aprendizagem, ficando a divisão de tarefas a cargo dos alunos, que deverão trabalhar em grupos.
> (Elias; Behrens; Torres, 2021, p. 2)

No ensino cooperativo, os grupos podem ser estruturados de forma a misturar alunos com diferentes níveis de habilidade, para que eles possam se ajudar mutuamente. No ensino colaborativo, a ênfase está na cocriação do conhecimento e na compreensão profunda dos conceitos, frequentemente por meio de discussões, projetos conjuntos e resolução colaborativa de problemas. Torres, Alcantara e Irala (2004, p. 4, grifo do original) esclarecem que a **cooperação** apresenta-se como um conjunto de técnicas e processos que grupos de indivíduos aplicam para a concretização de um objetivo final ou a realização de uma tarefa específica. É um processo mais direcionado do que o processo de **colaboração** e mais controlado pelo professor. Portanto, pode-se afirmar, de maneira geral, que o processo de **cooperação** é mais centrado no professor e controlado por ele, enquanto que na **colaboração** o aluno possui um papel mais ativo.

As duas abordagens podem ser adaptadas e combinadas de acordo com as necessidades específicas da situação de ensino e aprendizagem. No Quadro 6.1, apresentamos uma comparação conceitual entre as duas, proposta por Oxford (1997).

Quadro 6.1 – Comparação conceitual entre aprendizagem cooperativa e aprendizagem colaborativa

Aspectos	Linha 1: Aprendizagem cooperativa	Linha 2: Aprendizagem colaborativa	Linha 3: Interação
Propósito	Aumento das habilidades cognitivas e sociais por meio de um conjunto de técnicas aprendidas	Aculturação dos alunos nas comunidades de conhecimento	Permite aos alunos se comunicar com outros de diversas maneiras
Grau de estruturação	Alto	Variável	Variável

(continua)

(Quadro 6.1 – conclusão)

Aspectos	Linha 1: Aprendizagem cooperativa	Linha 2: Aprendizagem colaborativa	Linha 3: Interação
Relacionamentos	Os indivíduos são responsáveis pelo grupo e vice-versa; o professor facilita, mas o grupo é primordial	Os alunos participam de atividades com "colegas mais capazes" (professores, alunos mais avançados, entre outros), que dão assistência e orientação	Alunos, professores e outros comprometidos entre si de diversas e significativas formas
Prescrição das atividades	Alta	Baixa	Variável
Termos-chave	Interdependência positiva, responsabilidade com o trabalho em equipe, papéis específicos, estruturas de aprendizagem cooperativa	Zona de desenvolvimento proximal, aprendizagem cognitiva, aculturação, cognição situada, indagação reflexiva, epistemologia	Tarefas de produção-interação, disposição para interagir, estilos de aprendizagem, dinâmicas de grupo, fases da vida em grupo, ambientes físicos

Fonte: Oxford, 1997, p. 444, tradução nossa.

Podemos observar que a aprendizagem cooperativa, na concepção de Oxford (1997), é composta em sua maioria de atividades mais estruturadas, prescritas pelo professor e mais diretivas para os alunos. Historicamente, essa abordagem foi pensada para estudantes da educação básica por psicólogos ou sociólogos educacionais. Os alunos são responsáveis pelo próprio aprendizado e são motivados a auxiliar os colegas no processo.

Já a aprendizagem colaborativa é menos estruturada em suas atividades e menos descritiva. Ela é entendida como um processo de aculturação, em que os alunos se tornam membros de comunidades de conhecimento diferentes daquelas em que eles costumam estar. Portanto, a aprendizagem colaborativa é relacionada com o construtivismo social e com a natureza do conhecimento, entendido como uma construção social (Oxford, 1997).

6.2 Conceito de *design thinking*

Design thinking é uma abordagem metodológica que se concentra na resolução criativa de problemas e no desenvolvimento de soluções inovadoras. Essa metodologia não se limita apenas ao *design* tradicional, podendo também ser aplicada a uma variedade de contextos, desde o desenvolvimento de produtos e serviços até a resolução de desafios complexos em diversas áreas.

O *design thinking* envolve uma mentalidade centrada no ser humano, ou seja, necessidades, desejos e perspectivas dos usuários finais estão no centro do processo de criação. Isso significa que os *designers* e as equipes do projeto buscam entender profundamente as necessidades dos usuários, por meio da empatia e da observação direta, para identificar oportunidades de melhoria e inovação (Oliveira, 2014).

A abordagem do *design thinking* geralmente envolve várias etapas iterativas e interativas, que podem variar dependendo da fonte, mas geralmente incluem:

- **Empatia** – Implica compreender as necessidades e perspectivas dos usuários por meio de entrevistas, observação e imersão no contexto em que o problema ocorre.
- **Definição do problema** – Consiste em refinar o problema a ser resolvido, baseando-se nas informações coletadas na etapa de empatia, e formular uma declaração clara do problema em questão.
- **Ideação** – Trata-se de gerar uma ampla variedade de ideias criativas para abordar o problema, por meio de sessões de *brainstorming* (chuva de ideias) e outras técnicas de geração de ideias.
- **Prototipagem** – Consiste em criar protótipos rápidos e de baixo custo das soluções propostas, permitindo que os conceitos sejam testados e refinados.
- **Teste** – Envolve testar os protótipos com os usuários finais, obter *feedback* e aprender com as respostas para ajustar as soluções conforme a necessidade.
- **Iteração** – Com base nos resultados dos testes, é preciso ajustar e melhorar continuamente as soluções, voltando a etapas anteriores, se necessário.

Essa abordagem tem sido amplamente adotada em empresas, organizações sem fins lucrativos e até mesmo em instituições de ensino, como uma maneira de tratar de desafios complexos de maneira mais criativa e centrada no usuário. Para Oliveira (2014, p. 110),

> *design thinking* não é apenas uma proposta centrada no ser humano, sendo profundamente humana pela própria natureza, pois se baseia na capacidade do ser humano em ser intuitivo, reconhecer padrões, desenvolver ideias que tenham um significado emocional, ultrapassando as barreiras do funcional. Porém, tendo o cuidado de manter o equilíbrio entre sentimento, intuição e inspiração e a fundamentação no racional e analítico [...].

O *design thinking* enfatiza a colaboração multidisciplinar, incentivando profissionais de diferentes áreas a trabalhar juntos para gerar ideias e soluções inovadoras. Ele valoriza a experimentação, a aprendizagem por meio do erro e a flexibilidade no processo criativo. Essa estratégia aplicada ao ensino visa ajudar o estudante a aprender a aprender.
"A compreensão da importância do *design thinking* na Educação veio com o entendimento de que, em um ambiente escolar, todos os elementos precisam estar conectados" (Oliveira, 2014, p. 118).

Segundo Nascimento e Leite (2021), o *design thinking* pode ser usado na educação de três maneiras distintas:

1. **Como abordagem de inovação** – Pode ser uma ideia nova ou o aperfeiçoamento de algo existente. Um exemplo é o aplicativo Duolingo (2024).
2. **Como metodologia para resolução de problemas** – Seguindo-se os passos do *design thinking*, é possível resolver problemas de forma eficiente.

3. **Como processo de ensino e aprendizagem** – É uma forma de os professores inovarem nas aulas.

A Figura 6.1 apresenta as etapas comumente seguidas no *design thinking* para o ensino. A primeira etapa é a da **descoberta**, em que os grupos são organizados e o desafio é compreendido; reúnem-se inspirações e prepara-se a pesquisa. A segunda fase é a **interpretação**, que contempla a reunião de histórias, a busca por significados e a organização das oportunidades. A terceira etapa é a **ideação**, em que ocorre o *brainstorming*, ou seja, as ideias são geradas e refinadas. A quarta fase é a **experimentação**, que consiste na criação dos protótipos e na obtenção dos resultados. A última etapa é a **evolução**, caracterizada pelo acompanhamento do aprendizado e pelo avanço no projeto.

Figura 6.1 – Etapas do *desing thinking* no ensino

			Passos		
	1 - 1 Entenda o desafio	2 - 1 Conte histórias	3 - 1 Gere ideias	4 - 1 Faça protótipos	5 - 1 Acompanhe o aprendizado
	1 - 2 Prepare a pesquisa	2 - 2 Procure por significados	3 - 2 Refine ideias	4 - 2 Obtenha *feedback*	5 - 2 Avance
	1 - 3 Reúna inspirações	2 - 3 Estruture oportunidades			

Fonte: Oliveira, 2014, p. 114.

No ensino de Ciências e de Química, em específico, o *design thinking* pode ser usado como forma de inovar. De acordo com Nascimento e Leite (2021, p. 26),

> No ensino das ciências naturais é muito comum ouvirmos sobre como suas disciplinas são abordada [sic] de uma forma metódica, robótica, acrítica e rígida e a relação do ensino das ciências com o *Design Thinking* vem para mostrar que principalmente essas ciências precisam da criatividade, das relações dentro da sala de aula como também fora dela, da empatia, solidariedade e inovação.

Contudo, o *design thinking* ainda é pouco usado em sala de aula (Nascimento; Leite, 2021). Por isso, é fundamental que essa abordagem seja estudada e discutida tanto na formação inicial quanto na formação continuada de professores para que seja utilizada com mais frequência.

Morais e Fonseca (2022), por exemplo, empregaram o *design thinking* para o desenvolvimento de jogos digitais para o ensino de Química. Os autores aplicaram a metodologia com estudantes do ensino médio e concluíram que o *design thinking* favoreceu o desenvolvimento dos jogos e permitiu a promoção da aprendizagem significativa.

6.3 Técnicas colaborativas

A colaboração é uma abordagem que eleva a qualidade da aprendizagem, pois incorpora métodos interativos entre alunos e professores, visando promover a compreensão e a interpretação de informações sobre determinados temas. A colaboração em pequenos grupos, com metas bem definidas, incentiva a produção coesa e singular tanto nos trabalhos em grupo quanto nas atividades individuais (Sobrinho et al., 2016).

O uso dessa técnica transforma o grupo em um instrumento para a construção coletiva do conhecimento. De fato,

> A aprendizagem colaborativa [...] parte da ideia de que o conhecimento é resultante de um consenso entre membros de uma comunidade de conhecimento, algo que as pessoas constroem conversando, trabalhando juntas direta ou indiretamente [...] e chegando a um acordo.
> (Torres; Alcantara; Irala, 2004, p. 2-3)

As técnicas de ensino colaborativo são estratégias pedagógicas que promovem a colaboração entre os alunos no processo de aprendizagem. Elas são projetadas para incentivar os estudantes a trabalhar juntos, compartilhar conhecimentos, experiências e habilidades e resolver problemas juntos. Essas técnicas visam criar um ambiente de aprendizagem em que os alunos não apenas absorvem informações, mas também interagem ativamente uns com os outros para construir o conhecimento de forma conjunta.

A literatura apresenta várias técnicas que sistematizam a colaboração para fins de aprendizado. Embora essas técnicas geralmente sejam aplicadas em ambientes físicos, já estão sendo adaptadas para contextos semipresenciais, como ambientes virtuais de aprendizagem (Sobrinho et al., 2016).

Os ambientes virtuais de aprendizagem têm ampliado as oportunidades de colaboração e se tornado uma ferramenta essencial para o ensino-aprendizagem, especialmente com o auxílio da internet, desempenhando um papel fundamental na construção contínua do conhecimento. O uso desses ambientes está aumentando a demanda por técnicas de aprendizado colaborativo. Atividades de aprendizado colaborativo são planejadas para serem executadas por pares ou pequenos grupos. À medida que essas técnicas ganham popularidade, também impulsionam o desenvolvimento de sistemas e outras ferramentas de *software* que podem ser integradas a ambientes virtuais de aprendizagem (Sobrinho et al., 2016).

Nesse contexto, é fundamental que o conhecimento sobre essas técnicas seja sistematizado e utilizado como um componente essencial na concepção e no desenvolvimento de ferramentas que apoiem a implementação dessas técnicas, especialmente nos ambientes virtuais de aprendizagem.

A seguir, apresentamos alguns exemplos de técnicas de ensino colaborativo:

- **Aprendizagem baseada em projetos** – Nessa abordagem, como já visto neste livro, os alunos trabalham em grupos para desenvolver projetos que abordam problemas do mundo real. Eles precisam colaborar para planejar, pesquisar e criar soluções.
- **Debates em grupo** – Os alunos são organizados em equipes para debater questões específicas. Eles precisam colaborar para desenvolver argumentos, apresentar pontos de vista e responder às perguntas dos colegas. O objetivo principal é estimulá-los a desenvolver ideias e expressá-las devidamente.

- **Aprendizagem por pares** – Os alunos trabalham em duplas para discutir e resolver problemas. Eles ensinam e aprendem uns com os outros, possibilitando uma compreensão mais profunda do material; portanto, agem como estudantes e professores. O objetivo principal é promover a interdependência e melhorar a retenção de conhecimento.
- **Aprendizagem baseada em jogos cooperativos** – Os jogos são usados para propiciar a colaboração. Os alunos se envolvem em jogos que requerem trabalho em equipe e estratégia. A participação em jogos pode tornar a aprendizagem mais divertida e interessante.
- **Ensino colaborativo on-line** – Plataformas de aprendizagem *on-line* e ferramentas de colaboração são usadas para permitir que os alunos trabalhem juntos em projetos, compartilhem recursos e discutam tópicos de forma síncrona ou assíncrona.
- **Métodos interativos de resolução de problemas** – Os alunos enfrentam problemas complexos que exigem colaboração para que sejam resolvidos. Eles precisam se reunir, discutir, pesquisar, selecionar informações relevantes, analisar diferentes aspectos e elaborar soluções.
- **Tutoria entre pares** – Alunos mais experientes ou com habilidades específicas atuam como tutores para seus colegas, colaborando na compreensão de tópicos ou na resolução de desafios acadêmicos.

Essas técnicas instigam a participação ativa dos alunos, melhoram a capacidade de trabalho em equipe, desenvolvem habilidades de comunicação e promovem uma compreensão mais profunda dos tópicos. Além disso, elas são consistentes com a ideia de que a aprendizagem é um esforço conjunto, e não apenas uma transmissão de conhecimento do professor para o aluno.

6.4 Rotação por estações

O ensino com rotação por estações, também conhecido como *aprendizagem rotativa por estações*, é uma abordagem pedagógica que envolve a organização da sala de aula em diferentes "estações" ou áreas em que os alunos podem participar de atividades de aprendizado diversas e autônomas. Cada estação é projetada para focar um aspecto específico do conteúdo ou habilidade que se quer trabalhar.

Essa estratégia é uma das modalidades do ensino híbrido. "Os modelos de rotação por estações proporcionam que os discentes passem determinados tempos, preestabelecidos, em estações de ensino diferentes, em que uma delas necessariamente funciona em um ambiente *on-line*" (Oliveira; Leite, 2021, p. 281).

Geralmente, a rotação por estações obedece aos seguintes princípios:

- **Rotação dos alunos** – Os alunos se movem de uma estação para outra de acordo com um cronograma predefinido. Isso permite que eles participem de uma variedade de atividades de aprendizado.
- **Atividades diversificadas** – Cada estação pode apresentar uma atividade diferente, como leitura, pesquisa na internet, trabalho em grupo, resolução de problemas, prática de exercícios, criação de projetos, entre outras.

- **Autonomia** – Os alunos geralmente têm certa autonomia para escolher a ordem das estações que desejam visitar, o que permite que eles assumam um papel mais ativo em seu próprio aprendizado.
- **Flexibilidade** – Os professores podem adaptar as estações de acordo com as necessidades e os interesses dos alunos, personalizando a experiência de aprendizado.
- **Avaliação formativa** – Os professores normalmente usam a rotação por estações como uma oportunidade para avaliar o progresso dos alunos de maneira contínua e formativa, fazendo ajustes conforme o necessário.

Essa abordagem pedagógica é frequentemente usada para promover a diferenciação instrucional, atendendo às necessidades individuais dos alunos. Também pode ser empregada para desenvolver uma variedade de habilidades, desde acadêmicas até sociais e emocionais. No caso do docente,

> o modelo de rotação por estações traz a oportunidade de o professor trabalhar com grupos menores, podendo assim direcionar de forma mais pontual e direta seu discurso para o estudante, além de fornecer um *feedback* mais rápido do processo de ensino e aprendizagem, proporcionando momentos de aprendizagem individual e colaborativa. Destarte, é dada abertura para diferentes formas de uso das tecnologias em que o professor e o estudante podem descobrir diversas formas de ensinar e de aprender. Além disso, deve ser levado em consideração que a proposta de rotação por estações é trabalhar com pequenos grupos de estudantes por estações para potencializar e aproximar o processo de ensino, portanto

o número de estações deve ser proporcional ao número de estudantes por sala. (Oliveira; Leite, 2021, p. 281)

O ensino com rotação por estações é uma maneira de tornar o ambiente de aprendizado mais dinâmico e envolvente, permitindo que os alunos tenham uma experiência mais variada e personalizada de aprendizado.

Para a disciplina de Química, esse modelo pode mudar o processo de ensino e aprendizagem, tirando os alunos de uma postura passiva, comum nesse componente curricular. Cada estação pode ter atividades independentes predeterminadas em mesas ou bancadas, relacionadas com o tema central da aula.

6.5 Painéis virtuais

Quando os estudantes desenvolvem atividades de pesquisa, por exemplo, precisam apresentar os resultados de alguma maneira. O uso de painéis é bastante comum nesses casos, inclusive no meio científico, em congressos e eventos. Porém, com a diminuição do uso do papel e o aumento das tecnologias, os painéis virtuais têm se tornado comuns.

Painéis virtuais são ferramentas digitais que permitem a criação e a organização de informações visuais em um ambiente virtual. Eles são muito versáteis e podem ser usados de várias maneiras em sala de aula para facilitar o ensino e a aprendizagem. Algumas formas de utilização de painéis virtuais na educação são as seguintes:

- **Apresentação visual de conteúdo** – Professores podem criar painéis virtuais para apresentar informações de maneira visualmente atraente. Isso pode incluir gráficos, imagens, vídeos e textos. Esses painéis podem ser usados para explicar conceitos complexos, contar histórias ou ilustrar tópicos específicos.
- **Colaboração e trabalho em grupo** – Painéis virtuais podem ser compartilhados com os alunos, permitindo que eles colaborem em projetos em grupo. Cada aluno pode adicionar conteúdo ao painel, o que facilita o compartilhamento de ideias e a coleta de informações.
- **Organização de recursos** – Professores podem criar painéis virtuais para organizar recursos de aprendizado, como *links* para *sites* relevantes, artigos, documentos e vídeos. Isso facilita o acesso a materiais relacionados a um tópico específico.
- **Avaliação e *feedback*** – Painéis virtuais podem ser usados para criar atividades de avaliação interativa, como *quizzes* e jogos. Os professores podem acompanhar o progresso dos alunos e fornecer *feedback* em tempo real.
- **Mapas conceituais** – Painéis virtuais são ideais para a criação de mapas conceituais, nos quais os alunos podem organizar visualmente suas ideias e relacionar conceitos. Isso ajuda na compreensão e na retenção do conhecimento.
- **Portfólio digital** – É possível criar painéis virtuais para exibir o trabalho dos alunos e realizar reflexões sobre seu próprio aprendizado ao longo do tempo.

- **Apresentações criativas** – Em vez de apresentações de *slides* tradicionais, os alunos podem usar painéis virtuais para criar apresentações interativas e dinâmicas que envolvam o público de maneira mais eficaz.
- **Inclusão** – Painéis virtuais podem ser utilizados para fornecer suporte adicional a alunos com necessidades especiais, oferecendo recursos visuais e interativos que facilitam a compreensão.
- **Aprendizagem a distância** – Painéis virtuais são particularmente úteis em ambientes de ensino a distância, em que os alunos podem acessar o conteúdo de qualquer lugar. Também facilitam a interação e a colaboração *on-line*.
- **Estimulação da criatividade** – Ao criarem e organizarem informações em painéis virtuais, os alunos são incentivados a pensar de forma criativa e a comunicar suas ideias de maneira eficaz.

Ferramentas populares para criar painéis virtuais incluem o Padlet (2024), o Miro (2024), o Whiteboard (2024), o Stormboard (2024), o Trello (2024), o MindMeister (2024), o Microsoft OneNote (2024), o Canva (2024), entre outros. Essas ferramentas são geralmente fáceis e intuitivas de se usar e oferecem recursos para personalização e colaboração. Portanto, os painéis virtuais são uma adição valiosa ao ambiente de ensino e aprendizagem, tornando o processo mais envolvente, interativo e eficaz.

Síntese

Neste capítulo, aprofundamos o estudo sobre as metodologias ativas. Vimos a diferença entre aprendizagem colaborativa e aprendizagem cooperativa. A primeira é menos estruturada e os estudantes dependem menos do professor do que no caso da segunda. Contudo, nas duas o trabalho em grupo é essencial. Abordamos também algumas técnicas colaborativas de ensino, incluindo o uso de painéis virtuais.

Tratamos também do *design thinking*, que é uma abordagem criativa e orientada para o usuário que visa resolver problemas complexos e desenvolver inovações. A ênfase está na empatia, na compreensão profunda das necessidades das pessoas, na geração de ideias, na prototipagem rápida e na experimentação iterativa. O *design thinking* é amplamente utilizado em *design* de produtos, serviços e processos, bem como em diversas áreas, como negócios, educação e saúde, para promover a resolução de problemas de maneira colaborativa e centrada no ser humano.

Vimos ainda que a rotação por estações é uma abordagem em que se divide a turma em grupos e cada equipe participa das atividades de uma estação. Os estudantes devem circular por todas as estações, que estão relacionadas com um conteúdo central e têm alguma atividade para ser feita de forma *on-line* ou com o uso de tecnologias digitais.

Atividades de autoavaliação

1. Qual das seguintes afirmações é verdadeira em relação ao ensino cooperativo e ao ensino colaborativo?
    a) No ensino cooperativo, o professor não está envolvido nas atividades dos alunos; já no ensino colaborativo, ele organiza todas as atividades.
    b) A aprendizagem cooperativa é mais estruturada e controlada pelo professor, enquanto a aprendizagem colaborativa é mais autônoma e orientada pelos alunos.
    c) A aprendizagem colaborativa é mais indicada para estudantes da educação básica, enquanto a aprendizagem cooperativa é mais adequada para estudantes universitários.
    d) A aprendizagem cooperativa enfatiza a cocriação do conhecimento, enquanto a aprendizagem colaborativa se concentra na divisão de tarefas entre os alunos.
    e) As duas abordagens têm o mesmo objetivo e são igualmente estruturadas, com o professor desempenhando um papel central em ambas.

2. Qual das seguintes afirmações é verdadeira sobre o *design thinking*?
    a) O *design thinking* é uma abordagem restrita ao *design* tradicional e não pode ser aplicado em outros contextos.
    b) O *design thinking* enfatiza a busca por soluções rápidas e de baixo custo, sem levar em consideração as necessidades das pessoas.

c) O *design thinking* é uma abordagem que não valoriza a colaboração multidisciplinar e incentiva as pessoas a trabalhar isoladamente.
d) O *design thinking* envolve uma mentalidade centrada no ser humano e coloca as necessidades das pessoas no centro do processo de criação.
e) O *design thinking* é uma metodologia exclusivamente utilizada na indústria e não tem aplicação na área da educação.

3. Qual das seguintes afirmações sobre técnicas de ensino colaborativo é verdadeira?
   a) Técnicas de ensino colaborativo não promovem a participação ativa dos alunos.
   b) A aprendizagem por pares é uma técnica que não envolve colaboração entre os alunos.
   c) O ensino colaborativo *on-line* não é uma técnica viável em virtude das limitações da tecnologia.
   d) Técnicas de ensino colaborativo são consistentes com a ideia de que a aprendizagem é um esforço conjunto.
   e) A tutoria entre pares é uma técnica que enfatiza a competição entre os alunos.

4. Qual dos princípios a seguir **não** faz parte do ensino com rotação por estações?
   a) Rotação dos alunos.
   b) Atividades diversificadas.
   c) Autonomia dos alunos na escolha das estações.
   d) Ensino exclusivamente *on-line*.
   e) Avaliação formativa.

5. Avalie as seguintes afirmações e indique a alternativa que contém as informações corretas sobre a rotação por estações:
   I. A rotação por estações é uma estratégia que faz parte do ensino híbrido e envolve a organização da sala de aula em diferentes estações, permitindo que os alunos participem de diversas atividades de aprendizado.
   II. Uma característica essencial dessa abordagem é que os alunos não têm autonomia para escolher a ordem das estações que desejam visitar.
   III. Os professores podem adaptar as estações de acordo com as necessidades e interesses dos alunos, personalizando a experiência de aprendizado.
   IV. A rotação por estações não é adequada para promover a diferenciação instrucional.
   a) As afirmações I e III estão corretas.
   b) As afirmações I e II estão corretas.
   c) As afirmações I e IV estão corretas.
   d) As afirmações II e III estão corretas.
   e) As afirmações III e IV estão corretas.

6. Com base nas informações apresentadas no capítulo, escolha a alternativa que apresenta uma forma de utilização dos painéis virtuais em sala de aula:
   a) Painéis virtuais são usados exclusivamente para criar portfólios digitais dos alunos.
   b) Painéis virtuais são ferramentas usadas apenas para apresentações de conteúdo.
   c) Painéis virtuais não permitem a colaboração entre os alunos.

d) Painéis virtuais são utilizados exclusivamente para avaliação e *feedback* dos professores aos alunos.
e) Painéis virtuais podem ser utilizados para organizar recursos de aprendizado, como *links* para *sites* relevantes, artigos e documentos.

Atividades de aprendizagem

Questões para reflexão

1. Você já sabia a diferença entre aprendizagem colaborativa e aprendizagem cooperativa? Já usou alguma dessas abordagens em suas aulas, se você é professor, ou teve aulas baseadas nelas?
2. O *design thinking* é uma abordagem conhecida na área empresarial, mas ganhou destaque na educação há pouco tempo. Você já conhecia essa estratégia? Pense em formas de incluir o *design thinking* no ensino de Química.

Atividade aplicada: prática

1. Construa uma sequência didática para conteúdos de Química usando a abordagem da rotação por estações. Programe pelo menos quatro estações com atividades diferentes para os estudantes.

Considerações finais

Por muitos anos, os modelos tradicionais de ensino foram predominantes nos contextos educacionais. Esses modelos normalmente têm como ideal um cenário no qual o professor é o detentor do conhecimento e os estudantes são os receptores do saber. A sala de aula é tradicional, com os alunos enfileirados e o professor em pé explicando o conteúdo diante de uma sala de aula inerte.

Será que esses modelos ainda atendem às demandas educacionais da nova geração? Os estudantes realmente podem aprender todos os conceitos da disciplina de Química apenas ouvindo explicações, sem manipular equipamentos, sem realizar investigações? É possível que os estudantes consigam aplicar o conhecimento científico em suas ações cotidianas sem ter participado ativamente do processo de aprendizagem?

De acordo com os resultados de avaliações em larga escala como o Exame Nacional do Ensino Médio (Enem), muitos estudantes que estão concluindo a educação básica não conseguem interpretar problemas e aplicar os conhecimentos da química em questões que apresentem contextualizações para além da aplicação direta de fórmulas. Além disso, percebemos que muitos adultos expõem suas opiniões pessoais sem qualquer conhecimento científico em redes sociais e em diferentes ações do dia a dia.

Diante disso, entendemos que é necessário adotar novas abordagens nos processos pedagógicos no ensino de Química, que estejam em sintonia com os interesses atuais dos jovens e que possam contribuir para o aprendizado de conceitos, de forma contextualizada e interdisciplinar. Essas novas alternativas perpassam pelo **protagonismo estudantil**.

Esta obra procurou evidenciar diferentes possibilidades de favorecer o protagonismo estudantil, por meio do uso de metodologias ativas. Na escola, esperamos que os estudantes sejam estimulados a fazer observações e descobertas, experimentando, analisando e refletindo, exercendo funções de cientistas. Aproveitar a curiosidade estudantil e a disposição para a compreensão pode colaborar para o ensino de Ciências, especialmente na disciplina de Química.

As metodologias ativas representam inovações no ensino, desde que o professor assuma um papel diferenciado, dando espaço para que os estudantes sejam protagonistas nos processos de aprendizagem. Quando o professor se apropria do papel de mediador, há espaço para que atividades colaborativas aconteçam.

Para que o estudante assuma seu papel de protagonista na aprendizagem da Química, ele é quem deve manipular os objetos de aprendizagem e quem deve fazer parte do processo investigativo, por meio de perguntas, respostas e criação de hipóteses.

Desse modo, usar modelos híbridos de ensino, inserir tecnologias digitais, abordar jogos e gamificação, promover espaços colaborativos e incentivar o ensino por investigação são opções que podem favorecer o papel ativo do estudante em sua aprendizagem.

Esperamos que os leitores tenham compreendido essas possibilidades e possam ampliar estudos, reflexões e debates sobre o uso de metodologias ativas no ensino de Química.

Referências

AGUIAR, E. V. B.; FLÔRES, M. L. P. Objetos de aprendizagem: conceitos básicos. In: TAROUCO, L. M. R. et al. **Objetos de aprendizagem**: teoria e prática. Porto Alegre: Evangraf, 2014. p. 12-28.

AIRES, J. A.; LAMBACH, M. Contextualização do ensino de Química pela problematização e alfabetização científica e tecnológica: uma possibilidade para a formação continuada de professores. **Revista Brasileira de Pesquisa em Educação em Ciências**, v. 10, n. 1, p. 1-15, 2010. Disponível em: <https://periodicos.ufmg.br/index.php/rbpec/article/view/3984>. Acesso em: 30 abr. 2024.

AIRES, L. E-Learning, educação online e educação aberta: contributos para uma reflexão teórica. **RIED**, v. 19, n. 1, p 253-269, 2016. Disponível em: <https://repositorioaberto.uab.pt/bitstream/10400.2/5034/1/14356-27074-1-PB.pdf>. Acesso em: 30 abr. 2024.

ALTINO FILHO, H. V.; DUTRA, E. D. R.; SIQUEIRA, M. L. G. Rotação por estações no ensino de Física: a percepção dos alunos no estudo dos movimentos verticais. In: SEMINÁRIO CIENTÍFICO DO UNIFACIG, 5., [S.l.], 2019. **Anais**... 2019. Disponível em: <https://pensaracademico.unifacig.edu.br/index.php/semiariocientifico/article/view/1575/1233>. Acesso em: 30 abr. 2024.

ALVARENGA, A. T. et al. Interdisciplinaridade e transdisciplinaridade nas tramas da complexidade e desafios aos processos investigativos. In: PHILIPPI JR., A.; FERNANDES, V. (Ed.). **Práticas da interdisciplinaridade no ensino e pesquisa**. Barueri: Manole, 2015. p. 37-89.

ALVES, M. M.; TEIXEIRA, O. Gamificação e objetos de aprendizagem: contribuições da gamificação para o design de objetos de aprendizagem. In: FADEL, L. M. et al. (Org.). **Gamificação na educação**. São Paulo: Pimenta Cultural, 2014. p. 122-142.

APARICIO, M.; BAÇÃO, F.; OLIVEIRA, T. An e-Learning Theoretical Framework. **Journal of Educational Technology** & **Society**, v. 19, n. 1, p. 292-307, 2016. Disponível em: <https://www.researchgate.net/publication/290086485_An_e-Learning_Theoretical_Framework>. Acesso em: 30 abr . 2024.

APREENDER. **Sílabe**. Disponível em: <http://apreender.org.br/solucoes/silabe>. Acesso em: 30 abr. 2024.

ARONSON, E. et al. **The Jigsaw Classroom**. Beverly Hills: Sage, 1978.

ARRUDA, E. P. **Jogos digitais e aprendizagens**: o jogo Age of Empires III desenvolve ideias e raciocínios históricos de jovens jogadores? 238 f. Tese (Doutorado em Educação) – Programa de Pós-Graduação em Educação, Universidade Federal de Minas Gerais, Belo Horizonte, 2009.

AUSUBEL, D. P. **Aquisição e retenção de conhecimentos**: uma perspectiva cognitiva. Lisboa: Plátano, 2003.

BACICH, L. Ensino híbrido: personalização e tecnologia na educação. **Tecnologias, sociedade e conhecimento**, Campinas, SP, v. 3, n. 1, p. 100-103, dez. 2015. Disponível em: <https://econtents.bc.unicamp.br/inpec/index.php/tsc/article/view/14479>. Acesso em: 30 abr. 2024.

BARBOSA, C. D. et al. O uso de simuladores via smartphone no ensino de física: o experimento de Oersted. **Scientia Plena**, v. 13, n. 1, 2017. Disponível em: <https://typeset.io/pdf/o-uso-de-simuladores-via-smartphone-no-ensino-de-fisica-o-26ag43bodx.pdf>. Acesso em: 30 abr. 2024.

BAUMAN, Z. Zygmunt Bauman: Entrevista sobre a educação. Desafios pedagógicos e modernidade líquida. **Cadernos de Pesquisa**, v. 39, n. 137, p. 661-684, maio/ago. 2009. Disponível em: <https://www.scielo.br/j/cp/a/36mzFFtbtvXDhmsjtqDWcdG/?format=pdf&lang=pt>. Acesso em: 30 abr. 2024.

BLACKBOARD LEARN. Disponível em: <https://www.blackboard.com>. Acesso em: 15 mar. 2024.

BORBA, M. de C.; LACERDA, H. D. G. Políticas públicas e tecnologias digitais: um celular por aluno. **EMP: Educação Matemática Pesquisa**, v. 17, n. 3, p. 490-507, 2015. Disponível em: <https://revistas.pucsp.br/index.php/emp/article/view/25666>. Acesso em: 30 abr. 2024.

BRANDÃO, D.; VARGAS, A. C. **Experiências avaliativas de tecnologias digitais na educação**. São Paulo: Fundação Telefônica Vivo, 2016.

BRASIL. Lei n. 9.394, de 20 de dezembro de 1996. **Diário Oficial de União**, Poder Legislativo, Brasília, 23 dez. 1996. Disponível em: <https://www.planalto.gov.br/ccivil_03/leis/l9394.htm>. Acesso em: 30 abr. 2024.

BRASIL. Ministério da Educação. **Base Nacional Comum Curricular**. Brasília, 2018. Disponível em: <http://basenacionalcomum.mec.gov.br/images/BNCC_EI_EF_110518_versaofinal_site.pdf>. Acesso em 30 abr. 2024.

BRASIL. Ministério da Educação. Conselho Nacional de Educação. Câmara de Educação Básica. Resolução n. 2, de 30 de janeiro 2012. Diário Oficial da União, Brasília, DF, 31 jan. 2012. Disponível em: <http://portal.mec.gov.br/index.php?option=com_docman&view=download&alias=9917-rceb002-12-1&Itemid=30192>. Acesso em: 30 abr. 2023.

BRASIL. Ministério da Educação. **Fundo Nacional de Desenvolvimento da Educação**. Disponível em: <https://www.gov.br/fnde/pt-br>. Acesso em: 30 abr. 2024a.

BRASIL. Ministério da Educação. **O que é educação a distância?** Disponível em: <http://portal.mec.gov.br/component/content/article?id=12823:o-que-e-educacao-a-distancia#:~:text=Educa%C3%A7%C3%A3o%20a%20dist%C3%A2ncia%20%C3%A9%20a,tecnologias%20de%20informa%C3%A7%C3%A3o%20e%20comunica%C3%A7%C3%A3o>. Acesso em: 30 abr. 2024b.

BRASIL. Ministério da Educação. Portaria n. 1.140, de 22 de novembro de 2013. **Diário Oficial de União**, Brasília, 25 nov. 2013. Disponível em: <https://www.adur-rj.org.br/4poli/gruposadur/gtpe/portaria_1140_22_11_13.htm>. Acesso em: 30 abr. 2024.

BRASIL. Ministério da Educação. **Parâmetros Curriculares Nacionais (Ensino Médio)**: Parte 1 – Bases Legais. Brasília, 2000. Disponível em: <http://portal.mec.gov.br/seb/arquivos/pdf/blegais.pdf>. Acesso em: 16 jul. 2023.

BRASIL. Ministério da Educação. Portaria n. 1.140, de 22 de novembro de 2013. **Diário Oficial de União**, Brasília, DF, 25 nov. 2013. Disponível em:

<https://www.adur-rj.org.br/4poli/gruposadur/gtpe/portaria_1140_22_11_13.htm>. Acesso em: 30 abr. 2024.

BRITO, J. M. da S. A singularidade pedagógica do ensino híbrido. **EaD em Foco**, v. 10, n. 1, 2020. Disponível em: <https://eademfoco.cecierj.edu.br/index.php/Revista/article/view/948>. Acesso em: 30 abr. 2024.

BUSARELLO, R. I. **Gamification**: princípios e estratégias. São Paulo: Pimenta Cultural, 2016.

CANVA. Disponível em: <https://www.canva.com/pt_br>. Acesso em: 10 abr. 2024.

CARVALHO, A. M. P. Fundamentos teóricos e metodológicos do ensino por investigação. **Revista Brasileira de Pesquisa em Educação em Ciências**, v. 18, n. 3, p. 765-794, 2018. Disponível em: <https://periodicos.ufmg.br/index.php/rbpec/article/view/4852>. Acesso em: 30 abr. 2024.

CHEM COLLECTIVE. Disponível em: <https://chemcollective.org>. Acesso em: 20 mar. 2024.

CHEMCAPER. Disponível em: <https://www.sciencegamecenter.org/games/chemcaper>. Acesso em: 30 abr. 2024.

CIDRAL, W. A. et al. E-learning Sucess Determinants: Brazilian Empirical Study. **Computers & Education**, n. 112, p. 273-290, 2017. Disponível em: <https://www.academia.edu/79958368/E_learning_success_determinants_Brazilian_empirical_study>. Acesso em: 30 abr. 2024.

CLASSCRAFT. Disponível em: <https://www.classcraft.com/pt>. Acesso em: 30 abr. 2024.

CORTELAZZO, I. B. de C. **Prática pedagógica, aprendizagem e avaliação em educação a distância**. Curitiba: InterSaberes, 2013.

CRUZ, M. F. R.; BOURGUIGNON, J. A. A interdisciplinaridade e a educação: as metodologias ativas de aprendizagem como ferramenta de construção da cidadania. **Publicatio UEPG: Ciências Sociais Aplicadas**, v. 28, p. 1-15, 2020. Disponível em: <https://revistas.uepg.br/index.php/sociais/article/view/14507/209209212738>. Acesso em: 30 abr. 2024.

DELIZOICOV, D.; ANGOTTI, J. A; PERNAMBUCO, M. M. **Ensino de ciências**: fundamentos e métodos. São Paulo: Cortez, 2002.

DEWEY, J. **Vida e educação**. 10. ed. São Paulo: Melhoramentos, 1978.

DIESEL, A.; BALDEZ, A. L. S.; MARTINS, S. N. Os princípios das metodologias ativas de ensino: uma abordagem teórica. **Revista Thema**, v. 14, n. 1, p. 268-288, 2017. Disponível em: <https://periodicos.ifsul.edu.br/index.php/thema/article/view/404>. Acesso em: 15 mar. 2024.

DINIZ, C. S. **A lousa digital como ferramenta pedagógica na visão de professores de Matemática**. 135 f. Dissertação (Mestrado em Ensino de Matemática) – Universidade Federal do Paraná, Programa de Pós-Graduação em Educação em Ciências e em Matemática, Curitiba, 2015. Disponível em: <https://acervodigital.ufpr.br/handle/1884/41457>. Acesso em: 30 abr. 2024.

DUOLINGO. Disponível em: <https://pt.duolingo.com>. Acesso em: 30 abr. 2024.

EDPUZZLE. Disponível em: <https://edpuzzle.com>. Acesso em: 30 abr. 2024.

ELEMENTS ACADEMY. Disponível em: <https://play.google.com/store/apps/details?id=digital.dong.elementsacademy&hl=pt_br&gl=us>. Acesso em: 30 abr. 2024.

ELIAS, A. P. A. J.; BEHRENS, M. A.; TORRES, P. L. Cooperar e colaborar em processos de aprendizagem: uma análise dos conceitos. **Educação por Escrito**, v. 12, n. 1, p. 1-9, 2021. Disponível em: <https://revistaseletronicas.pucrs.br/ojs/index.php/porescrito/article/view/38027>. Acesso em: 30 abr. 2024.

FATARELI, E. F. et al. Método cooperativo de aprendizagem jigsaw no ensino de cinética química. **Química Nova na Escola**, v. 32, n. 3, p. 161-168, 2010. Disponível em: <http://qnesc.sbq.org.br/online/qnesc32_3/05-RSA-7309_novo.pdf>. Acesso em: 30 abr. 2024.

FERREIRA, H. M. C. F.; MATTOS, R. A. Jovens e celulares: implicações para a educação na era da conexão móvel. In: PORTO, C. et al. (Org.). **Pesquisa e**

mobilidade na cibercultura: itinerâncias docentes. EDUFBA: Salvador, 2015. p. 273-296.

FERREIRA, L. H.; HARTWIG, D. R.; OLIVEIRA, R. C. Ensino experimental de química: uma abordagem investigativa contextualizada. **Química Nova na Escola**, v. 32, n. 2, p. 101-106, 2010. Disponível em: <http://www.educadores.diaadia.pr.gov.br/arquivos/File/2010/artigos_teses/2011/quimica/artigos/ens_exp_quim_art.pdf>. Acesso em: 30 abr. 2024.

FILIPE, M.; ORVALHO, J. G. Blended-Learning e aprendizagem colaborativa no ensino superior. In: CONGRESSO IBEROAMERICANO DE INFORMÁTICA EDUCATIVA, 7., Monterrey, 2004. **Anais**… Porto Alegre: NIEE; UFRGS, 2004. FORMULÁRIOS GOOGLE. Disponível em: <https://workspace.google.com/intl/pt-BR/products/forms/?_gl=1*jfsef7*_up*MQ..&gclid=CjwKCAjw68K4BhAuEiwAylp3kgDMiT4kjDk5rAS5Orn6amrfw4-XF7h64RIJlUS2IsxhciO35Y680BoCqjcQAvD_BwE&gclsrc=aw.ds>. Acesso em: 30 abr. 2024.

FREIRE, P. **Pedagogia da autonomia**: saberes necessários à prática educativa. 51. ed. Rio de Janeiro: Paz e Terra, 2015.

FREIRE, P. **Pedagogia da indignação**: cartas pedagógicas e outros escritos. São Paulo: Ed. da Unesp, 2000.

GENIALLY. Disponível em: <https://genial.ly/pt-br>. Acesso em: 30 abr. 2024.

GODOY, T. B. **Jogo de química orgânica**. Disponível em: <https://scratch.mit.edu/projects/451102517>. Acesso em: 30 abr. 2024.

GOOGLE CLASSROOM. Disponível em: <https://edu.google.com/intl/all_br/workspace-for-education/classroom>. Acesso em: 30 abr. 2024.

GPINTEDUC – Grupo de Pesquisa em Inovação e Tecnologias na Educação. Universidade Tecnológica Federal do Paraná. **Definições do GPINTEDUC**. Disponível em: <https://gpinteduc.wixsite.com/utfpr/definicoes-do-grupo>. Acesso em: 30 abr. 2024.

HECKLER, V. Uso de simuladores e imagens como ferramentas auxiliares no ensino/aprendizagem de eletromagnetismo. 229 f. Dissertação (Mestrado em Ensino de Física) – Instituto de Física da Universidade Federal do Rio

Grande do Sul, Porto Alegre, 2004. Disponível em: <https://lume.ufrgs.br/handle/10183/6510>. Acesso em: 15 mar. 2024.

HILÁRIO, T.; REIS, P. Potencialidades e limitações de sessões de discussão de controvérsias sociocientíficas como contributos para a literacia científica. **Revista de Estudos Universitários**, Sorocaba, v. 35, n. 2, p. 167-183, dez. 2009. Disponível em: <https://periodicos.uniso.br/reu/article/view/423>. Acesso em: 30 abr. 2024.

HORN, M. B.; STAKER, H. **Blended**: usando a inovação disruptiva para aprimorar a educação. Porto Alegre: Penso, 2015.

HUIZINGA, J. **Homo ludens**: o jogo como elemento da cultura. 4. ed. São Paulo: Perspectiva, 1993.

JAMBOARD. Disponível em: <https://www.canva.com/pt_br>. Acesso em: 10 abr. 2024.

JOHNSON, S. **Surpreendente!**: a televisão e o videogame nos tornam mais inteligentes. Rio de Janeiro: Elsevier, 2005.

KAHOOT!. Disponível em: <https://kahoot.com>. Acesso em: 30 abr. 2024.

KALINKE, M. A. **Internet na educação**. Curitiba: Chain, 2003.

KALINKE, M. A.; BALBINO, R. O. Lousas digitais e objetos de aprendizagem. In: KALINKE, M. A.; MOCROSKY, L. F. (Org.). A lousa digital e outras tecnologias na educação matemática. Curitiba: CRV, 2016. p. 13-32.

KENSKI, V. M. **Educação e tecnologias**: o novo ritmo da informação. 8. ed. Campinas: Papirus, 2011.

KHAN ACADEMY. Disponível em: <https://pt.khanacademy.org>. Acesso em: 30 abr. 2024.

KRUGER, F. L.; CRUZ, D. M. Os jogos eletrônicos de simulação e a criança. In: CONGRESSO BRASILEIRO DA COMUNICAÇÃO, 24., Campo Grande, 2001. **Anais**… 2001. Disponível em: <https://www.portcom.intercom.org.br/pdfs/138070533416446799996506862271941517747.pdf>. Acesso em: 30 abr. 2024.

KRUPCZAK, C.; AIRES, J. A.; REIS, P. G. R. Controvérsias sociocientíficas: análise comparativa entre Brasil e Portugal. **Amazônia: Revista de Educação em Ciências e Matemáticas**, v. 16, n. 37, p. 89-105, 2020. Disponível em: <https://periodicos.ufpa.br/index.php/revistaamazonia/article/view/8584>. Acesso em: 30 abr. 2024.

KRUPCZAK, C.; LORENZETTI, L.; AIRES, J. A. Controvérsias sociocientíficas como forma de promover os eixos da alfabetização científica. **#Tear: Revista de Educação, Ciência e Tecnologia**, v. 9, n. 1, 2020. Disponível em: <https://periodicos.ifrs.edu.br/index.php/tear/article/view/3820>. Acesso em: 30 abr. 2024.

LEAL, D.; AMARAL, L. Do ensino em sala ao e-Learning. **Campus Virtual**, Braga, 2004. Disponível em: <http://campusvirtual.uminho.pt/uploads/celda_av04.pdf>. Acesso em: 30 abr. 2024.

LEITE, B. S. Aplicativos para aprendizagem móvel no ensino de química. **Ciências em Foco**, Campinas, SP, v. 13, 2020. Disponível em: <https://econtents.bc.unicamp.br/inpec/index.php/cef/article/view/14710>. Acesso em: 30 abr. 2024.

LIMA, S. F.; NUNES, E. da C.; SOUZA, R. F. Abordagem da temática queimadas por meio da aprendizagem baseada em projetos no ensino de ciências da natureza. **Experiências em Ensino de Ciências**, v. 15, n. 1, p. 96-108, 2020. Disponível em: <https://if.ufmt.br/eenci/artigos/Artigo_ID680/v15_n1_a2020.pdf>. Acesso em: 30 abr. 2024.

LOPES, R. M. et al. Aprendizagem baseada em problemas: uma experiência no ensino de química toxicológica. **Química Nova na Escola**, v. 34, n. 9, p. 1275-1280, 2011. Disponível em: <https://www.scielo.br/j/qn/a/34bCNqzCmYmJ89w9kkdvNZr/#>. Acesso em: 30 abr. 2024.

MALHEIRO, J. M. da S.; DINIZ, C. W. P. Aprendizagem baseada em problemas no ensino de ciências: mudando atitudes de alunos e professores. **Amazônia: Revista de Educação em Ciências e Matemáticas**, v. 4, p. 1-10, 2008. Disponível em: <https://periodicos.ufpa.br/index.php/revistaamazonia/article/view/1721>. Acesso em: 30 abr. 2024.

MICROSOFT ONENOTE. Disponível em: <https://www.onenote.com>. Acesso em: 30 abr.

MINDMEISTER. Disponível em: <https://www.mindmeister.com/pt>. Acesso em: 30 abr. 2024.

MINECRAFT. Disponível em: <https://www.minecraft.net/pt-br>. Acesso em: 30 abr. 2024.

MIRO. Disponível em: <https://l3software.com.br/miro>. Acesso em: 30 abr. 2024.

MIT APP INVENTOR. Disponível em: <https://appinventor.mit.edu>. Acesso em: 30 abr. 2024.

MOLECULE WORLD. Disponível em: <https://apps.apple.com/us/developer/digital-world-biology-llc/id863565226>. Acesso em: 30 abr. 2024.

MONTANARO, P. R. **Gamificação para a educação**. São Carlos: Ufscar, 2018.

MONTEIRO, E. P. et al. Ensino por investigação em aulas de Química: construindo a argumentação através da problemática "por que as bananas escurecem?". **Revista Insignare Scientia – RIS**, v. 5, n. 1, p. 506-524, 2022.

MOODLE. Disponível em: <https://moodle.org/?lang=pt_br>. Acesso em: 30 abr. 2024.

MORAES, U. C. et al. Projeto pré-cálculo: reforço matemático para os cursos de engenharia em trilhas de aprendizagem do ensino híbrido. **Brazilian Applied Science Review**, Curitiba, v. 3, n. 1, p. 269-281, 2019. Disponível em: <https://ojs.brazilianjournals.com.br/ojs/index.php/BASR/article/view/754>. Acesso em: 30 abr. 2024.

MORAIS, R. S.; FONSECA, L. R. O uso do Design Thinking no desenvolvimento de jogos digitais para o ensino da química na educação básica. **Revista Tempos e Espaços em Educação**, v. 15, n. 34, p. 1-17, 2022. Disponível em: <https://periodicos.ufs.br/revtee/article/view/17778>. Acesso em: 30 abr. 2024.

MORÁN, J. Mudando a educação com metodologias ativas. In: SOUZA, C. de A.; MORALES, O. E. T. (Org.). **Convergências midiáticas, educação e cidadania**: aproximações jovens. Ponta Grossa: UEPG/Proex, 2015. p. 15-33. (Coleção Mídias Contemporâneas, v. 2). Disponível em: <https://moran.eca.usp.br/wp-content/uploads/2013/12/mudando_moran.pdf>. Acesso em: 30 abr. 2024.

MOTTA, M. S.; KALINKE, M. A. Uma proposta metodológica para a produção de objetos de aprendizagem na perspectiva da dimensão educacional. In: KALINKE, M. A.; MOTTA, M. S. (Org.). **Objetos de aprendizagem**: pesquisas e possibilidades na educação matemática. Campo Grande: Life, 2019. p. 203-218.

MUENCHEN, C.; DELIZOICOV, D. Concepções sobre problematização na educação em ciências. In: CONGRESO INTERNACIONAL SOBRE INVESTIGACIÓN EM DIDÁCTICA DE LAS CIENCIAS, 9., 2013, Girona. **Anais**… 2013. p. 2447-2451. Disponível em: <https://core.ac.uk/download/pdf/132090383.pdf>. Acesso em: 30 abr. 2024.

MUNDIM, J. V.; SANTOS, W. L. P. dos. Ensino de ciências no ensino fundamental por meio de temas sociocientíficos: análise de uma prática pedagógica com vista à superação do ensino disciplinar. **Ciência & Educação**, Bauru, v. 18, n. 4, p. 787- 802, 2012. Disponível em: <https://www.scielo.br/j/ciedu/a/qm9ZGJ9jM5YF6QkkGZrvdvx/abstract/?lang=pt#>. Acesso em: 30 abr. 2024.

MUNFORD, D.; LIMA, M. E. C. de C. Ensinar ciências por investigação: em quê estamos de acordo? **Revista Ensaio**, Belo Horizonte, v. 9, n. 1, p. 89-111, 2007. Disponível em: <https://www.scielo.br/j/epec/a/ZfTN4WwscpKqvwZdxcsT84s/?format=pdf&lang=pt>. Acesso em: 30 abr. 2024.

NASCIMENTO, J. K. F. **Informática aplicada à educação**. Brasília: Universidade de Brasília, 2009. v. 1.

NASCIMENTO, R. M. F.; LEITE, B. S. Design thinking no ensino de ciências da natureza: quais são objetivos e aplicações nos trabalhos publicados entre 2010 e 2020?. **Revista UFG**, v. 21, n. 27, 2021. Disponível em: <https://revistas.ufg.br/revistaufg/article/view/69657>. Acesso em: 30 abr. 2024.

NOVAK, J. D.; GOWIN, B. **Aprender a aprender**. 2. ed. Lisboa: Plátano, 1999.

OLIVEIRA, A. C. A. A contribuição do Design Thinking na educação. **E-Tech: Tecnologias para Competitividade Industrial**, Florianópolis, p. 105-121, 2014. Edição Especial: Educação. Disponível em: <https://etech.sc.senai.br/revista-cientifica/article/view/454>. Acesso em: 30 abr. 2024.

OLIVEIRA, J. E. da S.; LEITE, B. S. Ensino híbrido gamificado na química: o modelo de rotação por estações no ensino de radioatividade. **Experiências em Ensino de Ciências**, v. 16, n. 1, p. 277-298, 2021. Disponível em: <https://fisica.ufmt.br/eenciojs/index.php/eenci/article/view/775>. Acesso em: 30 abr. 2024.

OXFORD, R. L. Cooperative Learning, Collaborative Learning, and Interaction: Three Communicative Strands in the Language Classroom. **The Modern Language Journal**, v. 81, n. 4, p. 443-456, 1997.

PADLET. Disponível em: <https://pt-br.padlet.com>. Acesso em: 10 abr. 2024.

PASIN, D. M.; DELGADO, H. O. K. O ensino híbrido como modalidade de interação ativa e reflexão crítica: relato de uma experiência docente no Brasil. **Texto Livre: Linguagem e Tecnologia**, Belo Horizonte, v. 10, n. 2, p. 87-105, jul./dez. 2017. Disponível em: <https://periodicos.ufmg.br/index.php/textolivre/article/view/16763>. Acesso em: 30 abr. 2024.

PASQUALETTO, T. I.; VEIT, E. A.; ARAUJO, I. S. Aprendizagem baseada em projetos no ensino de Física: uma revisão da literatura. **Revista Brasileira de Pesquisa em Educação em Ciências**, v. 17, n. 2, p. 551-577, 2017. Disponível em: <https://periodicos.ufmg.br/index.php/rbpec/article/view/4546>. Acesso em: 30 abr. 2024.

PEREIRA, R. C. M.; SANTOS, M. C. Literatura, sociointeracionismo e gamificação: diálogos interdisciplinares a partir de objeto de aprendizagem digital. **Sociopoética**, v. 1, n. 13, p. 29-62, 2014. Disponível em: <https://docplayer.com.br/56347362-Literatura-sociointeracionismo-e-gamificacao-dialogos-interdisciplinares-a-partir-de-objeto-de-aprendizagem-digital.html>. Acesso em: 30 abr. 2024.

PHET INTERACTIVE SIMULATIONS. Disponível em: <https://phet.colorado.edu>. Acesso em: 30 abr. 2024. PLICKERS. Disponível em: <https://get.plickers.com/>. Acesso em: 30 abr. 2024.

PRENSKY, M. **Digital Game-Based Learning**. Minnesota: Paragon House, 2001.

QUIDIGNO, R. A. F. et al. Uma proposta de sequência didática sobre agrotóxicos fundamentada na abordagem de controvérsias sociocientíficas e na teoria das situações didáticas. **#Tear: Revista de Educação, Ciência e Tecnologia**, v. 10, n. 2, 2021. Disponível em: <https://periodicos.ifrs.edu.br/index.php/tear/article/view/5120/3047>. Acesso em: 30 abr. 2024.

QUIZIZZ. Disponível em: <https://quizizz.com/?lng=pt-BR>. Acesso em: 20 mar. 2024.

RAIMONDI, A. C.; RAZZOTO, E. S. Aprendizagem baseada em problemas no ensino de química analítica qualitativa. **Revista Insignare Scientia – RIS**, v. 3, n. 2, p. 36-48, 2020. Disponível em: <https://periodicos.uffs.edu.br/index.php/RIS/article/view/11159>. Acesso em: 30 abr. 2024.

REIS, E. L. dos; SUCOLOTTI, A. A.; MALACARNE, V. Gamificação e o ensino da química no jogo eletrônico Stationeers. In: CONGRESSO NACIONAL DE EDUCAÇÃO – Conedu em Casa, 7., Campina Grande. **Anais**... Campina Grande: Realize Editora, 2021. Disponível em: <https://editorarealize.com.br/artigo/visualizar/81277>. Acesso em: 30 abr. 2024.

ROCHA, F. S. M. **Análise de projetos do Scratch desenvolvidos em um curso de formação de professores**. 135 f. Dissertação (Mestrado em Educação) – Universidade Federal do Paraná, 2018. Disponível em: <https://acervodigital.ufpr.br/handle/1884/59437>. Acesso em: 30 abr. 2024.

ROCHA, F. S. M. da; KALINKE, M. A. **Práticas contemporâneas em educação matemática**. Curitiba: InterSaberes, 2021.

ROCHA, S. S. D.; JOYE, C. R.; MOREIRA, M. M. A educação a distância na era digital: tipologia, variações, uso e possibilidades da educação online. **Research, Society and Development**, v. 9, n. 6, 2020. Disponível em: <https://www.researchgate.net/

publication/340660796_A_Educacao_a_Distancia_na_era_digital_tipologia_variacoes_uso_e_possibilidades_da_educacao_online>. Acesso em: 30 abr. 2024.

RODRIGUES, L. A. Uma nova proposta para o conceito de Blended Learning. **Interfaces da Educação**, Paranaíba, v. 1, n. 3, p. 5-22, 2010. Disponível em: <https://periodicosonline.uems.br/index.php/interfaces/article/view/628>. Acesso em: 30 abr. 2024.

SÁ, H. **Sala de aula invertida**: o que é, exemplos e como pôr em prática. Manual Sílabe, 2018. Disponível em: <https://silabe.com.br/blog/sala-de-aula-invertida-o-que-e-exemplo-e-como-por-em-pratica>. Acesso em: 30 abr. 2023.

SANGRÀ, A.; VLACHOPOULOS, D.; CABRERA, N. Building an Inclusive Definition of E-Learning: an Approach to the Conceptual Framework. **International Review of Research in Open and Distance Learning**, v. 13, n. 2, p. 145-159, 2014. Disponível em: <https://files.eric.ed.gov/fulltext/EJ983277.pdf>. Acesso em: 30 abr. 2024.

SANTAELLA, L. **Games e comunidades virtuais**. Porto Alegre: Instituto Sérgio Motta e Santander Cultural, 2004. Exposição Hiperrelações Eletro Digitais. Disponível em: <https://www.canalcontemporaneo.art.br/tecnopoliticas/archives/000334.html>. Acesso em: 30 abr. 2024.

SCHMITZ, E. X. da S. **Sala de aula invertida**: uma abordagem para combinar metodologias ativas e engajar alunos no processo de ensino-aprendizagem. 187 f. Dissertação (Mestrado em Tecnologias Educacionais em Rede) – Universidade Federal de Santa Maria, Santa Maria, 2016. Disponível em: <https://repositorio.ufsm.br/bitstream/handle/1/12043/DIS_PPGTER_2016_SCHMITZ_ELIESER.pdf?sequence=1>. Acesso em: 30 abr. 2024.

SCRATCH. Disponível em: <https://scratch.mit.edu>. Acesso em: 30 abr. 2024.

SILVA, G. P.; ABREU, R. A. Simulações. In: ALCÂNTARA, E. F. S. (Org.). **Inovação e renovação acadêmica**: guia prático de utilização de metodologias e técnicas ativas. Volta Redonda: FERP, 2020. p. 76-79.

SIQUEIRA, J. C. O uso das TICs na formação de professores. **Interdisciplinar**, ano VIII, v. 19, n. 2, p. 203-215, jul./dez. 2013. Disponível em: <https://periodicos.ufs.br/interdisciplinar/article/view/1649>. Acesso em: 30 abr. 2024.

SOBRINHO, H. et al. Organizando o conhecimento sobre técnicas de aprendizagem colaborativas. **Nuevas Ideas em Informatica Educativa**, v. 12, p. 152-156, 2016. Disponível em: <https://www.tise.cl/volumen12/TISE2016/152-156.pdf>. Acesso em: 30 abr. 2024.

SOCRATIVE. Disponível em: <https://www.socrative.com>. Acesso em: 20 mar. 2024.

SOUSA, F. A.; COELHO, M. N. As metodologias ativas como estratégias para desenvolver a interdisciplinaridade no ensino médio. **Desafios**, v. 7, n. 3, p. 42-55, 2020. Disponível em: <https://sistemas.uft.edu.br/periodicos/index.php/desafios/article/view/7343>. Acesso em: 30 abr. 2024.

SOUZA, T. M.; CHAGAS, A. M.; ANJOS, R. de C. A. A. dos. Ensino híbrido: alternativa de personalização da aprendizagem. **Revista Com Censo**, Brasília, v. 6, n. 1, p. 55-66, 2019.

SPINARDI, J. D.; BOTH, I. J. Blended learning: o ensino híbrido e a avaliação da aprendizagem no ensino superior. **Boletim Técnico do Senac**, v. 44, n. 1, 2018.

STORMBOARD. Disponível em: <https://stormboard.com/home>. Acesso em: 30 abr. 2024.

TAUCEDA, K. C.; NUNES, V. M.; DEL PINO, J. C. A epistemologia/metodologia do aluno pesquisador na educação em ciências. **Experiências em Ensino de Ciências**, v. 6, n. 3, p. 133-141, 2011. Disponível em: <https://if.ufmt.br/eenci/artigos/Artigo_ID165/v6_n3_a2011.pdf>. Acesso em: 30 abr. 2024.

TAVARES, J. L. **Modelos, técnicas e instrumentos de análise de softwares educacionais**. 97 f. Trabalho de Conclusão de Curso (Licenciatura em Pedagogia) – Universidade Federal da Paraíba/Centro de Educação, João Pessoa, 2017. Disponível em: <https://repositorio.ufpb.br/jspui/bitstream/123456789/2563/1/JLT19062017.pdf>. Acesso em: 30 abr. 2024.

THE SANDBOX. Disponível em: <https://www.sandbox.game/en>. Acesso em: 30 abr. 2024.

THINGLINK. Disponível em: <https://www.thinglink.com/pt>. Acesso em: 30 abr. 2024.

TORRES, P. L.; ALCANTARA, P. R.; IRALA, E. A. F. Grupos de consenso: uma proposta de aprendizagem colaborativa para o processo de ensino-aprendizagem. **Revista Diálogo Educacional**, Curitiba, v. 4, n. 13, p. 1-17, 2004. Disponível em: <https://www.redalyc.org/pdf/1891/189117791011.pdf>. Acesso em: 30 abr. 2024.

TRELLO. Disponível em: <https://trello.com>. Acesso em: 10 abr. 2024.

TRINDADE, A. Educação e formação a distância. In: DIAS, P.; FREITAS, C. (Org.). **Desafios 2001**: Actas da II Conferência Internacional de Tecnologias de Informação e Comunicação na Educação. Braga: Centro de Competência Nónio Século XXI da Universidade do Minho, 2001. p. 55-63. Disponível em: <https://www.nonio.uminho.pt/wp-content/uploads/2020/09/actas_challenges_2001.pdf>. Acesso em: 30 abr. 2024.

VALENTE, J. A. Análise dos diferentes tipos de software usados na educação. In: VALENTE, J. A. (Org.). **O computador na sociedade do conhecimento**. Campinas: Nied, 1999. p. 89-99.

VALENTE, J. A. Blended learning e as mudanças no ensino superior: a proposta da sala de aula invertida. **Educar em Revista**, Curitiba, n. 4, p. 79-97, 2014.

VIEIRA, M. de L. A. Uso de jogos digitais no ensino de química orgânica: My Química Lab – um relato de experiência. In: CONGRESSO INTERNACIONAL DE EDUCAÇÃO E TECNOLOGIAS E ENCONTRO DE PESQUISADORES EM EDUCAÇÃO A DISTÂNCIA, 1., 2020, São Carlos. **Anais**… 2020. Disponível em: <https://cietenped.ufscar.br/submissao/index.php/2020/article/view/1550>. Acesso em: 30 abr. 2024.

WAHA, B.; DAVIS, K. Perspectiva dos estudantes universitários sobre aprendizagem mista. **Journal of Higher Education Policy and Management**, v. 36, n. 2, p. 172-182, 2014.

WERBACH, K.; HUNTER, D. **For the Win**: How Game Thinking Can Revolutionize Your Business. Philadelphia: Wharton Digital Press, 2012.

YOUTUBE. Disponível em: <https://www.youtube.com>. Acesso em: 30 abr. 2024.

Bibliografia comentada

BARROS, G. C. **Tecnologias e educação matemática**: projetos para a prática profissional. Curitiba: InterSaberes, 2017.

    A obra mostra que as tecnologias digitais estão presentes no dia a dia e podem ser inseridas no contexto educativo. Há explicações claras sobre a relação entre a tecnologia e a sociedade. A autora destaca a tecnologia como um recurso para a aprendizagem na educação básica, apresentando possibilidades e potencialidades. Também são exploradas questões relacionadas à formação do professor para o uso das tecnologias, os projetos com o uso de tecnologias e a importância do planejamento e da avaliação.

ROCHA, F. S. M. da; KALINKE, M. A. **Práticas contemporâneas em educação matemática**. Curitiba: InterSaberes, 2021.

    Os autores discutem diferentes abordagens metodológicas que vêm sendo utilizadas na educação matemática. As dicas e recursos apresentados podem ser utilizados por professores de diferentes disciplinas. Destaca-se, nesse sentido, o capítulo destinado às práticas com tecnologias digitais. São abordados conceitos importantes, bem como exemplos de *softwares* e objetos de aprendizagem que podem ser explorados no ambiente escolar.

CARVALHO, A. M. P. de (Org.). **Ensino de ciências por investigação**: condições para implementação em sala de aula. São Paulo: Cengage Learning, 2013.

    Nessa obra, os autores discutem as bases teóricas e epistemológicas que sustentam o ensino por investigação. Os dados apresentados no livro são extraídos de pesquisas consolidadas, principalmente no nível de ensino fundamental. O objetivo é apresentar ao leitor as diferentes facetas do ensino investigativo e os processos envolvidos nessa metodologia, visando proporcionar aos professores um maior rol de abordagens de ensino.

BACICH, L.; MORAN, J. (Org.). **Metodologias ativas para uma educação inovadora**: uma abordagem teórico-prática. Porto Alegre: Penso, 2018.

Nesse livro, os autores explicam o que são as metodologias ativas e como e por que podem ser incorporadas no ensino. A obra aponta para a possibilidade de integrar as mídias e as tecnologias digitais da informação e comunicação (TDICs) na educação presencial, híbrida ou a distância. É destacada a necessidade de mudança e/ou adaptação dos currículos para a plena incorporação das metodologias ativas.

BENDER, W. N. **Aprendizagem baseada em projetos**: educação diferenciada para o século XXI. Porto Alegre: Penso, 2014.

Nessa obra, o autor apresenta os fundamentos da aprendizagem baseada em projetos, indicando que pode ser aplicada no ensino fundamental, no ensino médio e no ensino superior. Esse livro aponta os fluxos para a implementação dessa estratégia, a qual se sustenta na resolução de problemas reais e coloca o estudante como protagonista do processo educativo. A aprendizagem baseada em projetos é descrita como uma das metodologias de ensino mais eficazes do século XXI.

Respostas

Capítulo 1

Atividades de autoavaliação

1. c
2. b
3. c
4. e
5. a

Capítulo 2

Atividades de autoavaliação

1. b
2. a
3. c
4. b
5. c
6. e
7. b

Capítulo 3

Atividades de autoavaliação

1. c
2. a
3. d
4. a
5. c
6. a
7. e

Capítulo 4

Atividades de autoavaliação

1. b
2. a
3. b
4. a
5. c

Capítulo 5

Atividades de autoavaliação

1. d
2. e
3. d
4. c
5. d

Capítulo 6

Atividades de autoavaliação

1. b
2. d
3. d
4. d
5. a
6. e

Sobre as autoras

Carla Krupczak é licenciada e bacharela em Química pela Universidade Federal do Paraná (UFPR), com período sanduíche na Universidade de Coimbra (Portugal); mestra e doutora em Educação em Ciências e em Matemática pela mesma instituição. Atua como docente do ensino superior no Centro Universitário Internacional Uninter e participou da equipe que implementou o primeiro curso de educação a distância (EAD) de bacharelado em Química do Brasil, com 13 atribuições registradas no Conselho Federal de Química. Tem experiência no ensino de Química na educação básica. É escritora de materiais didáticos para a educação básica e o ensino superior. Realiza pesquisas na área de educação em Ciências, com foco na história, na filosofia e na sociologia da ciência, atuando, principalmente, com os seguintes temas: natureza da ciência e controvérsias sociocientíficas.

Flavia Sucheck Mateus da Rocha tem graduação em Matemática pela Pontifícia Universidade Católica do Paraná (PUCPR), graduação em Pedagogia pelo Centro Universitário Internacional Uninter, especialização em Metodologia do Ensino da Matemática pela Fael e em Formação Docente para EaD pelo Centro Universitário Internacional Uninter. É mestre em Educação em Ciências e em Matemática pela UFPR, na linha de pesquisa Tecnologias da Informação e Comunicação no Ensino de Ciências e Matemática, e doutora em Educação em Ciências e em Matemática pela mesma instituição. É integrante do Grupo de Pesquisa sobre Tecnologias na Educação Matemática (GPTEM), do

Grupo de Pesquisa em Inovação e Tecnologias na Educação (GPINTEDUC) e do Grupo de Pesquisa EaD, Presencial e o Híbrido: Vários Cenários Profissionais, de Gestão, de Currículo, de Aprendizagem e Políticas Públicas. Atualmente, é coordenadora dos cursos da área de Exatas na Escola Superior de Educação do Centro Universitário Internacional Uninter. Tem experiência no ensino de Matemática nas séries finais do ensino fundamental e no ensino médio. Pesquisa sobre tecnologias digitais e demais inovações nos processos de ensino e aprendizagem de Ciências e de Matemática.

Impressão:
Outubro/2024